Laura Weidenfeller

Kombination von zweiphotonenbasiertem direktem Laserschreiben mit großflächiger und hochpräziser Nanopositionierung

Kombination von zweiphotonenbasiertem direktem Laserschreiben mit großflächiger und hochpräziser Nanopositionierung

Laura Weidenfeller

Universitätsverlag Ilmenau
2020

Impressum

Bibliografische Information der Deutschen Nationalbibliothek
Die Deutsche Nationalbibliothek verzeichnet diese Publikation in der Deutschen Nationalbibliografie; detaillierte bibliografische Angaben sind im Internet über http://dnb.d-nb.de abrufbar.

Diese Arbeit hat der Fakultät für Maschinenbau der Technischen Universität Ilmenau als Dissertation vorgelegen.

Tag der Einreichung:	6. März 2020
1. Gutachter:	Univ.-Prof. Dr.-Ing. habil. Eberhard Manske (Technische Universität Ilmenau)
2. Gutachter:	Prof. Dr. rer. nat. habil. Carsten Reinhardt (Hochschule Bremen)
3. Gutachter:	Univ.-Prof. Dr.-Ing. habil. Jean Pierre Bergmann (Technische Universität Ilmenau)
Tag der Verteidigung:	15. Juni 2020

Technische Universität Ilmenau/Universitätsbibliothek
Universitätsverlag Ilmenau
Postfach 10 05 65
98684 Ilmenau
http://www.tu-ilmenau.de/universitaetsverlag

ISBN 978-3-86360-220-8 (Druckausgabe)
URN urn:nbn:de:gbv:ilm1-2020000164

Titelgrafik: Veit Henkel | Fakultät für Maschinenbau, TU Ilmenau

Zusammenfassung

Die Mikro- und Nanofabrikation verspricht für die nächsten Jahre ein enormes Wachstumspotenzial, insbesondere auch im Bereich der laserbasierten Fertigung. Die hochauflösende Technik des Laserschreibens mittels Zwei-Photonen-Absorption (2PA) kann zur Herstellung von dreidimensionalen Bauteilen mit minimalen Strukturbreiten von sub-100 nm verwendet werden. Mit der optischen Präzision gehen auch Forderungen an die Präzision der Mess- und Positioniersysteme einher, um den technischen Stand von zweiphotonenbasiertem Laserschreiben weiter voranzutreiben. Die an der TU Ilmenau entwickelten Nanopositionier- und Nanomessmaschinen (NPM-Maschinen) ermöglichen eine hochgenaue und metrologisch rückführbare Positionierung mit Positionierauflösungen von 0,1 nm und einer Wiederholbarkeit von unter von 1 nm. Dabei eröffnet der Positionierbereich von 25 mm × 25 mm × 5 mm bzw. von 200 mm × 200 mm × 25 mm der NPM-Maschinen ganz neue Dimensionen der skalenübergreifenden Fabrikation, sodass mikro- und sub-mikrometergenaue Artefakte bei Bauteilen mit Millimeterabmessungen erzielt werden können.

In der vorliegenden Arbeit wird die Erweiterung von NPM-Maschinen zu Fabrikationsmaschinen durch die Kombination mit 2PA-Laserschreiben thematisiert. Dazu wird zunächst ein Konzept zur Integration der Zwei-Photonen-Technologie in eine NPM-Maschine entwickelt und umgesetzt. Anschließend erfolgen eine Charakterisierung des Systems sowie gezielte Untersuchungen, um den Nachweis für die Synergie der beiden Techniken zu erbringen. Es konnten diverse erfolgreiche Experimente durchgeführt werden, sodass nach Untersuchungen zur Belichtungsdosis die Herstellung von großflächigen Justiermarken gezeigt wurde. Das Potential der genauen Positionierung wird durch bahnbrechende Ergebnisse zur Abstandsreduzierung zwischen zwei geschriebenen Linien, welche die Beugungsbegrenzung unterschreiten, demonstriert. Zudem zeigten erste Versuche zur dreidimensionalen Strukturierung von Hybridpolymeren das enorme Potential für zukünftige komplexe 3D-Anwendungen in einer bisher nicht möglichen Präzision. Im Fokus stand außerdem die Entwicklung und Untersuchung eines neuen Ansatzes zur Mikro- und Nanofabrikation mit hohem Durchsatz, der auf einer Verbindung von zweiphotonenbasiertem Laserschreiben mit Feldemissionslithographie zur Herstellung von Mastern für anschließende Nanoprägelithographie basiert.

Abstract

Micro- and nanofabrication are promising technologies, especially in the field of laser-based manufacturing. The high-resolution technique of laser writing by means of two-photon absorption (2PA) can be used to produce three-dimensional components with minimum structure widths of sub-100 nm. The optical precision is accompanied by demands on the precision of the measuring and positioning systems in order to enhance the state of the art of two-photon based laser writing. The nanopositioning and nano-measuring machines (NPM machines) developed at the TU Ilmenau enable highly accurate and metrologically traceable positioning with positioning resolutions of 0,1 nm and a repeatability of less than 1 nm. With a positioning range of 25 mm × 25 mm × 5 mm respectively 200 mm × 200 mm × 25 mm, the NPM machines scope completely new dimensions of cross-scale fabrication, so that micro- and sub-micron precision artifacts can be achieved in components with millimeter dimensions. In this thesis, the extension from NPM machines to manufacturing machines by combining them with 2PA laser writing is discussed. Therefore, a concept for the combination of the two-photon technology with an NPM-machine is developed and successfully realized. Subsequently, the system is characterized and specific investigations are done to confirm the synergy of both technologies. An analysis of the exposure dose was done and in various experiments, the applications of the high precision and large area structuring are shown. The potential of precise positioning is demonstrated by the groundbreaking results regarding small distances between two written lines beyond the diffraction limit. In addition, first tests for three-dimensional structuring of hybrid polymers showed the enormous potential for future complex 3D applications in a precision that has not been possible so far. Additionally, a new approach for high-throughput micro- and nanofabrication based on a combination of two-photon laser writing with field emission scanning probe lithography for the production of masters for nanoimprint lithography was developed.

Vorwort

Die vorliegende Arbeit entstand während meiner Tätigkeit als wissenschaftliche Mitarbeiterin im Institut für Prozessmess- und Sensortechnik der TU Ilmenau im Rahmen des Graduiertenkollegs „Tip- and laser-based 3D-Nanofabrication in extended macroscopic working areas (NanoFab)“.

Mein besonderer Dank gilt meinem Doktorvater Prof. Dr. Eberhard Manske, der mir die Durchführung dieser Arbeit nicht nur ermöglicht und an mich geglaubt hat, sondern mich in jeder Hinsicht unterstützt und beraten hat. Zudem danke ich Prof. Dr. Carsten Reinhardt für die Zusammenarbeit und Unterstützung, die konstruktiven Gespräche und den fachlichen Austausch. Auch Prof. Dr.-Ing. Ivo W. Rangelow möchte ich meinen Dank aussprechen.
Weiterhin möchte ich meinen Kolleginnen und Kollegen aus dem Graduiertenkolleg danken. Danke für den Zusammenhalt, das gemeinsame Problemlösen, die gegenseitige Unterstützung und die sehr freundschaftliche Atmosphäre. Besonders hervorheben möchte ich an dieser Stelle Martin Hofmann, Florian Fern und Johannes Kirchner. Auch die Kolleginnen und Kollegen des Instituts haben auf die eine oder andere Art zum Gelingen dieser Arbeit beigetragen, wobei Dr. Uwe Gerhardt, Dr. Rostyslav Mastylo und Oliver Birli namentlich zu nennen sind. Zudem möchte ich Cordula Höring und Sybille Bräuning danken, die als Institutssekretärinnen und gute Seelen viele administrative Aufgaben übernommen haben.
Auch dem Team des Zentrums für Mikro- und Nanotechnologien möchte ich für die Unterstützung und den Erfahrungsaustausch insbesondere auf dem Gebiet der Lithographie danken.

Abschließend möchte ich noch meinen Eltern Claudia Schöttler-Weidenfeller und Bernd Weidenfeller meinen Dank aussprechen, die mich immer unterstützt und ermutigt haben, wenn ich neue Pläne für meine berufliche Laufbahn geschmiedet habe. Ebenso danke ich meinen Geschwistern Simon, Katrin und Martin und meinem Partner Fabian.

Inhaltsverzeichnis

1 Einleitung

Gordon Moore formulierte bereits in den 1960er Jahren einen Trend für die Halbleiterindustrie, nach dem sich die Anzahl an Transistoren eines integrierten Schaltkreises in regelmäßigen Abständen verdoppelt [1]. Nicht nur in der Halbleiterindustrie sind deshalb Mikro- und Nanotechnologien nicht mehr wegzudenken, auch in der Fertigung von mikromechanischen und mikrooptischen Systemen finden sie Anwendung. Die Lithographie als Teilgebiet der Fabrikationsmethoden im Mikro- und Submikrometerbereich arbeitet mit photosensitiven Materialien, die durch eine Belichtung mit Licht im ultravioletten Bereich ihre Eigenschaften ändern [2]. Eine Maske definiert dabei, welche Bereiche des Materials dem Licht ausgesetzt werden sollen und welche Bereiche im Schatten und damit unverändert bleiben. Die Lithographie ist demnach nach DIN 8580 zur Hauptgruppe 6 „Stoffeigenschaften ändern“ der Fertigungsverfahren einzuordnen [3].

Das nichtlineare direkte Laserschreiben, auch zweiphotonenbasiertes direktes Laserschreiben genannt, ist eine Methode, die einerseits auf die kosten- und zeitintensive Maskenherstellung verzichten kann und zudem auch noch die Möglichkeit zur dreidimensionalen (3D) Strukturierung solcher photosensiviver Materialien bietet [4]. Dabei wird der Fokus eines Ultrakurzpulslasers auf 3D-Trajektorien durch das photosensitive Material bzw. das Material relativ zum fixen Fokus bewegt, was eine räumliche Modifikation des Materials entlang dieser Trajektorien durch Zwei-Photonen-Absorption bewirkt. Seit der ersten Realisierung vor etwa 20 Jahren [5] wurde diese Technik in diversen Anwendungsgebieten wie z.B. optische und photonische Komponenten oder Mikromaschinen eingesetzt [6]. Aufgrund der vielfältigen Anwendungsgebiete stehen die Türen für eine weitere Verbesserung der Technik offen. Von aktuellem Forschungsinteresse ist neben den sogenannten Superresolution-Laserlithographietechniken das Streben nach größerer Präzision der Positioniersysteme für eine exakte Bewegung zwischen Laserfokus und Probe mit dem photosensitiven Material bei zunehmend größeren lateralen sowie axialen Positionierbereichen. Aus diesem Grund erscheint die Kombination der Nanopositionier- und Nanomessmaschinen mit dem Zwei-Photonen-Laserschreiben sinnvoll.

Deshalb wird in dieser Arbeit die Integration von hochgenauen Positioniersystemen, der Nanopositionier- und Nanomessmaschinen, für das zweiphotonenbasierte direkte Laserschreiben konzipiert und durchgeführt. Nanopositionier- und Nanomessmaschinen bieten neben metrologischer Rückführbarkeit, höchster Präzision und Positionierauflösung einen Positionier- und Messbereich von 25 mm × 25 mm × 5 mm im Fall der NMM-1 [7] und von 200 mm × 200 mm × 25 mm bei der NPMM200 [8]. Durch die in dieser Arbeit dargestellten Verbindung der NMM-1 mit zweiphotonenbasiertem Laserschreiben eröffnen sich Präzisionen in der Mikro- und Nanofertigung, die mit bisherigen Positioniersystemen nicht oder nur auf kleinen Bereichen realisierbar sind. Ungenauigkeiten durch das Stitchen (stitching, engl. *Zusammenheften*) dieser Bereiche verhindern bisher höhere Präzision auf großen Bereichen. Die Erweiterung der NMM-1 von einer Positionier- und Messmaschine zu einer Fabrikationsmaschine stellt die Weichen für eine präzise Belichtung der photosensitiven Materialien zur Herstellung von Bauteilen mit Abmessungen von bis zu mehreren Millimetern, was beispielsweise die Herstellung von Optikelementen wie Lichtwellenleitern oder von Beugungsgittern für Distributed Feedback Laser vorstellbar werden lässt.

In dieser Arbeit wird in Kapitel 2 zunächst eine Einführung in das direkte Laserschreiben gegeben, in welcher der Unterschied zwischen einphotonenbasiertem und zweiphotonenbasiertem Laserschreiben erläutert sowie auf die theoretischen Hintergründe zur Linienbreite und den Stand der Technik eingegangen wird. Es folgt Kapitel 3, in dem die Eigenschaften und die Erzeugung ultrakurzer Laserpulse erläutert werden, die für das zweiphotonenbasierte Laserschreiben relevant sind. Im Stand der Technik der Positioniersysteme (Kapitel 4) werden anschließend die Vor- und Nachteile einzelner Systeme und Anordnungen diskutiert, wobei die NMM-1 sich als vielversprechendes Positioniersystem für die Nutzung im Kontext des Laserschreibens herausstellt. Nach der Darstellung und Charakterisierung des dafür entwickelten Aufbaus in Kapitel 5 folgt die Klärung der verwendeten Methoden und Materialien in Kapitel 6. Nachfolgend werden in Kapitel 7 die Ergebnisse der durchgeführten Untersuchungen aufgezeigt. Eine Zusammenfassung und ein Ausblick auf zukünftige Möglichkeiten und Herausforderungen in Kapitel 8 schließen die Arbeit ab.

2 Direktes Laserschreiben als maskenlose Lithographietechnik

Die Oberflächenstrukturierung von Wafern für elektronische Schaltungen, elektronische und Mikrosystemtechnikbauteilen sowie die Fertigung von Bauteilen mit Mikro- bis Submikrometerabmessungen kann durch direktes Laserschreiben erfolgen. Im Vergleich zur konventionellen Photolithographie kann dabei auf die aufwendige Herstellung von Masken verzichtet werden, was den Herstellungsprozess preiswerter und flexibler gestaltet [9]. Anstelle der Flächenbelichtung durch Photomasken wird bei dem direkten Laserschreiben (DLW, engl. *direct laser writing*) der fokussierte Laserstrahl direkt auf die Probe, ein mit Photolack beschichtetes Substrat, gelenkt. Eine durch ein Positioniersystem erzeugte Relativbewegung zwischen dem Laserstrahl und der Probe führt dann zu einer örtlich begrenzten Strukturierung des Photolacks. Die Relativbewegung erfolgt auf vorgegebenen Linien, aus denen sich als Resultat des Belichtungs- und Entwicklungsprozesses die Struktur als geometrische Form bestehend aus ausgehärtetem Photolack oder Gräben ergibt. Folgt auf die Belichtung ein Ätzprozess, werden die Strukturen vom Photolack in das Substrat in Form von Ätzgräben übertragen. Die Ergebnisse werden als Ätzstrukturen bezeichnet.

Im folgenden Abschnitt wird die Theorie des direkten Laserschreibens erläutert, wobei das direkte Laserschreiben im Hinblick auf die Art und Weise des Energieeintrags in Ein- und Zwei-Photonen-Prozesse unterschieden wird. Es folgt eine Darstellung des Stands der Technik der Verfahren zum direkten Laserschreiben, wobei schwerpunktmäßig das direkte Laserschreiben mittels der Zwei-Photonen-Prozesse als Laserschreibtechnologie höchster Auflösung behandelt wird. Abschließend wird der Prozessablaufs für die Strukturierung von Photolacken durch Zwei-Photonen-Laserschreiben erläutert. Dabei wird der Begriff Photolack in dieser Arbeit zur Vereinfachung der Terminologie als Oberbegriff für alle Arten von photosensitiven Materialien verwendet. Eine Differenzierung der Materialien erfolgt in Abschnitt 6.1.

2.1 Theorie des direkten Laserschreibens

In diesem Kapitel wird die Theorie des direkten Laserschreibens ohne Beschränkung der Allgemeinheit anhand eines Negativlacks beschrieben, bei dem das Laserlicht eine radikalische Polymerisation startet. Für andere Photolacke sind die Mechanismen allerdings analog erklärbar.
Die für eine Photoreaktion benötigte Energie ist von der Energiedifferenz des elektronischen Grundzustands zum angeregten Zustand im Initiatormolekül des Photolacks abhängig. Ein Photon kann diese Energie für den elektronischen Übergang einbringen [10]. Darauf folgt die Interkombination (engl. *intersystem crossing*), ein strahlungsfreier Übergang in einen Triplettzustand, woraufhin die Radikalbildung des Photoinitiators stattfindet [11]. Eine schematische Darstellung dieser Übergänge ist in Abbildung 2.1 gezeigt.

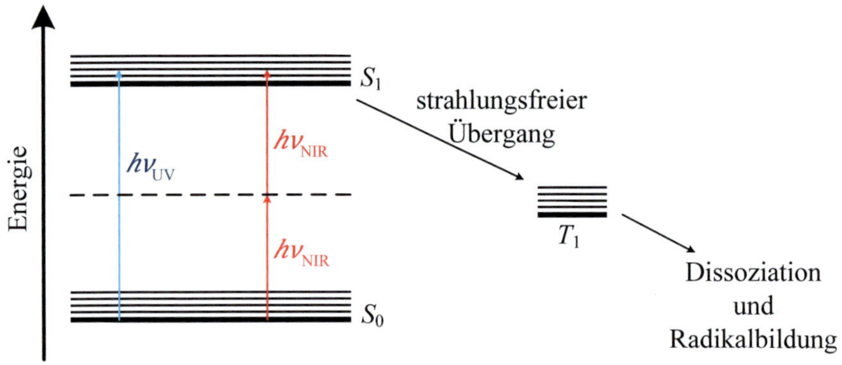

Abbildung 2.1: Schematische Darstellung des Termschemas eines radikalbildenden Initiatormoleküls mit dem Grundzustand S_0, einem angeregten Singulettzustand S_1 und einem Triplettzustand T_1 (nach [11]). Die Energiedifferenz zwischen S_0 und S_1 kann durch ein energiereiches Photon im ultravioletten (UV) Wellenlängenbereich mit der Energie $h\nu_{\text{UV}}$ oder durch die quasi-simultane Absorption zweier Photonen mit Wellenlängen im nahen Infrarotbereich (NIR) und der Energie $h\nu_{\text{NIR}}$ überwunden werden.

Für den elektronischen Übergang wird ein stoffspezifischer Energiebetrag E benötigt. Dieser wird durch die auftreffenden Photonen eingebracht, wobei die Energie eines

Photons E_{Photon} durch

$$E_{\text{Photon}} = h \cdot \nu = h \cdot \frac{c}{\lambda} \tag{2.1}$$

mit dem Planck'schen Wirkungsquantum h, der Frequenz ν des Lichts beziehungsweise der Lichtgeschwindigkeit im Vakuum c und der Wellenlänge des Lichts λ bestimmt werden kann [12]. Die Energie kann durch die Absorption von einem oder durch quasi-simultane Absorption von zwei Photonen mit ausreichend Energie erfolgen [5].

2.1.1 Ein-Photonen-Absorption (1PA)

Die Ein-Photonen-Absorption ist die Grundlage konventioneller photo- und stereolithographischer Prozesse. Die verwendeten Wellenlängen liegen im Bereich von 350 nm bis 450 nm [2]. Die Energie der Photonen liegt demnach im Bereich von ungefähr 3,5 eV bis 2,7 eV, was die potentiellen Initiatormoleküle hinsichtlich ihrer Energiedifferenz zwischen dem Grundzustand und dem angeregten Zustand festlegt. Wird der Photolack mit Licht dieses Wellenlängenbereichs belichtet, werden die Photonen gemäß des Lambert-Beerschen Gesetzes im Medium (hier der Photolack) absorbiert. Die Strahlungsintensität des Laserlichts I nimmt in Ausbreitungsrichtung z des Lichts ab, was sich durch die Gleichung

$$\frac{dI}{dz} = -\sigma_{1\text{PA}} \cdot N \cdot I(z) \tag{2.2}$$

beschreiben lässt [13]. Dabei ist $\sigma_{1\text{PA}}$ der 1PA-Wirkungsquerschnitt einer Ein-Photonen-Absorption des Initiatormoleküls und N die Anzahl der Initiatormoleküle pro Volumen. Gleichung 2.2 liegt die vereinfachte Annahme zugrunde, dass nur die Initiatormoleküle das einfallende Licht absorbieren, alle anderen im Lack vorhandenen Moleküle jedoch nicht. Infolgedessen tritt idealerweise im gesamten belichteten Bereich ein Absorptionsprozess auf, sodass eine Photoreaktion und damit einhergehende Veränderung der Löslichkeitseigenschaften des Lackes in diesen Bereichen stattfindet. In der Realität weisen Lacke häufig ein bisher physikalisch nicht vollständig verstandenes Schwellwertverhalten auf, sodass erst ab einer ausreichend hohen Belichtungsdosis eine Reaktion abläuft. Die Belichtungsdosis D ergibt sich aus dem Produkt der Belichtungszeit t und der absorbierten Photonenzahl, die im Falle von Ein-Photonen-Prozessen proportional zur Intensität I ist [14], sodass

$$D_{1\text{PA}} \sim I \cdot t \tag{2.3}$$

gilt. Dieses Schwellwertverhalten wird in der Praxis zur Herstellung minimaler Linienbreiten genutzt. Die Belichtungsdosis kann bei schwach absorbierenden Photolacken mit einem geringen Anteil an Initiatormolekülen über den gesamten belichteten Bereich als konstant angenommen werden [13]. Bei einer großen Anzahl absorbierender Initiatormoleküle ändert sich die Strahlungsintensität gemäß Gleichung 2.2 in der Ausbreitungsrichtung des Lichts, weshalb die Belichtungsdosis bei hohen Wirkungsquerschnitten nicht mehr als konstant angesehen werden kann.

2.1.2 Zwei-Photonen-Absorption (2PA)

Die notwendige Energie für den elektronischen Übergang im Molekül kann nicht nur durch die Absorption von einem einzelnen energiereichen Photon eingebracht werden. Auch die quasi-zeitgleiche Absorption von zwei oder sogar mehr Photonen mit geringeren Energien als der für den Übergang benötigten ist möglich, wobei die Summe der Photonenenergien der Energiedifferenz zwischen dem Grundzustand und dem angeregten Zustand des Initiatormoleküls entspricht [15]. Für Zwei-Photonen-Absorption werden typischerweise gepulste Laser mit Wellenlängen im nahen Infrarotbereich verwendet [16], wobei die Wellenlänge ungefähr der doppelten Länge der Lichtquellen bei Ein-Photonen-Absorption entspricht. Die Energie eines Photons reduziert sich damit nach Gleichung 2.1 auf die Hälfte. Um dennoch die gleiche Energie zur Anregung des Initiatormoleküls einzubringen, sind folglich zwei Photonen erforderlich. Die Reaktion ist somit von der Wahrscheinlichkeit abhängig, dass zwei Photonen quasi gleichzeitig auf ein Initiatormolekül treffen und von diesem absorbiert werden. Die Gleichzeitigkeit wird durch die Zeit der Absorption des ersten Photons determininiert, wodurch ein virtuelles Zwischenniveau mit kurzer Lebensdauer angenommen werden kann. Die Wahrscheinlichkeit der Absorption zweier Photonen in diesem kurzen Zeitintervall ist wiederum abhängig von der Photonendichte. Deshalb wird ein Ultrakurzpulslaser mit hohen Pulsintensitäten und damit hohen Photonenzahlen in kurzer Zeit verwendet, dessen stark fokussierter Strahl eine genügend hohe Photonendichte aufweist [17].

Mit dem 2PA-Wirkungsquerschnitt $\sigma_{2\mathrm{PA}}$ des Photoinitiators, der Anzahl der Initiatorteilchen pro Volumen N und der Intensität I in Abhängigkeit von der Position z in Propagationsrichtung des Lichts ergibt sich nach [13] – unter der Annahme, dass die Wahrscheinlichkeiten für die Absorption der Photonen stochastisch unabhängig sind – eine Intensitätsverteilung von

$$\frac{dI}{dz} = -\sigma_{2\mathrm{PA}} \cdot N \cdot I^2(z)\,. \tag{2.4}$$

Abbildung 2.2: Fluorescein-Lösung, die durch Ein-Photonen-Absorption (a) bzw. Zwei-Photonen-Absorption (b) angeregt wird. Die Absorption findet im Falle von Ein-Photonen-Prozessen in dem gesamten belichteten Bereich statt, während bei Zwei-Photonen-Prozessen nur im Fokusbereich eine Anregung des Fluorescein erfolgt. Bild mit Erlaubnis von Steven Ruzin und Holly Aaron, UC Berkeley [18].

Die absorbierte Photonenzahl hängt in diesem Fall quadratisch von der Intensität ab, sodass für die Belichtungsdosis

$$D_{2\mathrm{PA}} \sim I^2 \cdot t \qquad (2.5)$$

gilt [13]. Infolgedessen findet die Absorption nur in einem kleinen Volumenbereich im Fokus des Laserstrahls statt (vgl. Abbildung 2.2b), der auch Voxel (engl. *volume pixel*) genannt wird. Die Voxel sind typischerweise prolate Rotationsellipsoide [19], sodass die Halbachse entlang der axialen Richtung (im Folgenden als Höhe des Voxels bezeichnet), größer ist als die Halbachsen der lateralen Richtungen (im Folgenden als Breite des Voxels bezeichnet). Durch eine Relativbewegung der Voxel entlang vorgegebener Linien im Volumen des Photolack findet die Zwei-Photonen-Absorption in diesen definierten Bereichen statt. Die einzelnen Voxel setzen sich dann zu Linien zusammen. Der beschriebene Prozess kann auf Multiphotonen-Absorption erweitert werden. Abbildung 2.2 zeigt den Unterschied der Absorptionsvolumina von Ein-Photonen-Absorption (a) und Zwei-Photonen-Absorption (b) anhand einer Fluorescein-Lösung und der Belichtung mit einem blauen Laser und einen gepulsten Infrarotlaser.

2.1.3 Auflösung und Linienbreiten

Es ist sinnvoll den Begriff „Auflösung“ im Kontext des direkten Laserschreibens genauer zu definieren, da er häufig mit den Begriffen „Strukturbreite“ oder „Linienbreite“ vermischt wird. Im folgenden Abschnitt sollen die Begriffe analog zu [14] verwendet werden.

Die erreichbare kleinste Linienbreite beschreibt die bezüglich der lateralen Komponente minimale Breite einer durch Laserlicht geschriebenen Linie und ist zunächst einmal vom Absorptionsmechanismus abhängig, also davon, ob eine Ein-Photonen-Absorption stattfindet oder eine Zwei-Photonen-Absorption ausschlaggebend ist. Um der Konsistenz der Begriffsdefinitionen in dieser Arbeit gerecht zu werden, wird nur der Begriff der Linienbreite verwendet. Wie in den Abschnitten 2.1.1 und 2.1.2 erläutert, hängt die Absorptionswahrscheinlichkeit und damit auch die Linienbreite von der Intensitätsverteilung bei Ein-Photonen-Prozessen und vom Quadrat der Intensitätsverteilung bei Zwei-Photonen-Prozessen ab. In Abbildung 2.3 sind das normierte Intensitätsprofil und das Quadrat der Intensität, ebenfalls normiert, dargestellt. Unter der Annahme, dass der Photolack einer gewissen Schwellendosis bedarf, ergibt sich die als rote Linie einge-

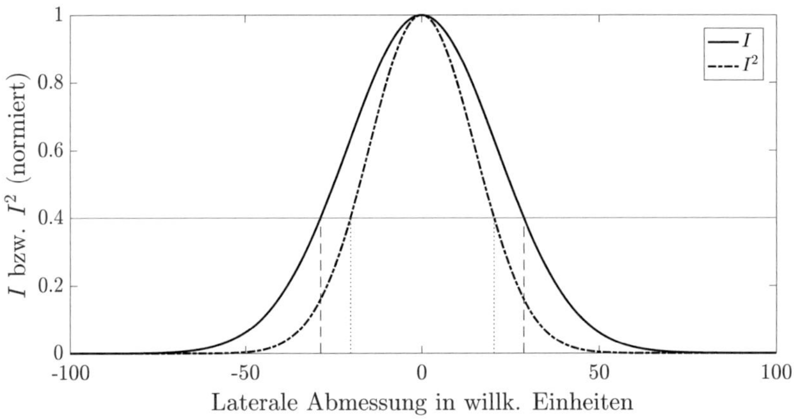

Abbildung 2.3: Normierte Intensität (durchgezogene Linie) und das normierte Quadrat der Intensität (strichpunktlinie) eines Gaußschen Laserstrahls in Abhängigkeit von der lateralen Abmessung. Die rote Linie gibt den Schwellwert für die Initiierung eines Absorptionsprozesses im Photolack an. Die gestrichelten Linien geben die theoretische Linienbreite für Ein-Photonen-Prozesse an, die gepunkteten Linien für Zwei-Photonen-Prozesse (analog zu [13]).

zeichnete Schwellenintensität bei einer als konstant angenommenen Belichtungszeit. Die gestrichelten Linien zeigen nun die theoretisch erzielbare Breite des belichteten Bereichs ohne Relativbewegung des Laserstrahls für Ein-Photonen-Absorption und die gepunkteten Linien die Voxelbreite für Zwei-Photonen-Absorption bei konstanter Dosis. Die Höhe eines einzelnen belichteten Bereichs ist bei Ein-Photonen-Prozessen durch die Schichtdicke des Photolacks bestimmt, da die Absorption im gesamten belichteten Bereich stattfindet. Bei Zwei-Photonen-Prozessen ist die Limitierung durch die Voxelhöhe gegeben.

Die optische Auflösung gibt den Abstand leuchtender oder angeleuchteter Objekte an, der mindestens eingehalten werden muss, damit diese voneinander getrennt dargestellt werden. Bei der Berücksichtigung der endlich dimensionierten Objektive werden häufig zwei grundlegende Ansätze aus der Mikroskopie, das Abbe-Kriterium und das Rayleigh-Kriterium, sowie ein Ansatz aus der Spektroskopie, das Sparrow-Kriterium, für die laterale Auflösung angewendet. Für die Betrachtung der Auflösung im Kontext dieser Arbeit werden das Abbe- und das Rayleigh-Kriterium erläutert.

2.1.3.1 Das Abbe-Kriterium

Ernst Abbe definierte das Auflösungsvermögen eines optischen Systems, indem er die Abbildung eines optischen Gitters durch eine Objektivlinse beschrieb. Die Auflösung der einzelnen Gitterlinien ist durch Beugung begrenzt, welche sowohl von der Wellenlänge der Beleuchtung als auch vom Abstand der Gitterlinien, welcher durch die Gitterkonstante angegeben werden kann, abhängt [12]. Um eine bestimmte Gitterkonstante noch auflösen zu können, müssen das Hauptmaximum und mindestens ein erstes Nebenmaximum von der Objektivlinse eingefangen werden. Unter der Berücksichtigung einer idealen Beleuchtung kann die Auflösung des optischen Systems mit

$$d = \frac{\lambda}{2 \cdot n \cdot \sin(\alpha)} = \frac{\lambda}{2 \cdot NA} \tag{2.6}$$

angebeben werden, wobei d der kleinste auflösbare Abstand zweier Gitterlinien, n der Brechungsindex des Mediums zwischen Objetiv und Objekt und α der halbe Öffnungswinkel des Objektivs ist [20]. Das Produkt aus Brechungsindex und dem Sinus des halben Öffnungswinkels gibt die numerische Apertur NA des Systems an. Das Abbe-Kriterium gilt für Objekte, die nicht selbst leuchten, sondern von außen beleuchtet werden.

2.1.3.2 Das Rayleigh-Kriterium

Während für das Abbe-Kriterium die externe Beleuchtungswellenlänge für die Beugungsbegrenzung ausschlaggebend ist, gilt das Rayleigh-Kriterium für selbstleuchtende Objekte. Bei der Abbildung einer Punktlichtquelle durch ein optisches System wird ein zentrales Beugungsmaximum mit konzentrisch angeordneten Ringen abnehmender Intensität sichtbar [21]. Zwei selbstleuchtende Objekte können nach dem Rayleigh-Kriterium getrennt aufgelöst werden, wenn das Intensitätsmaximum des einen Objektes mit dem ersten Intensitätsminimum des anderen Objektes zusammenfällt. Das Auflösungsvermögen bzw. der kleinste Abstand der Objekte, bei dem sie nach dem Rayleigh-Kriterium getrennt werden können, beträgt

$$d = 0,61 \cdot \frac{\lambda}{NA} \,. \tag{2.7}$$

Die Wellenlänge entspricht hierbei der vom Objekt abgestrahlten Wellenlänge, da keine externe Beleuchtung verwendet wird. Die Quadrierung der Intensitätsprofile im Falle von Zwei-Photonen-Prozessen reduziert deren Breite, sodass sich damit auch der kleinste auflösbare Abstand verringert. Das für Zwei-Photonen-Prozesse modifizierte Rayleigh-Kriterium ergibt sich für Gaußprofile analog zu [22] in lateraler Richtung mit

$$d = 0,61 \cdot \frac{\lambda}{\sqrt{2} \cdot NA} \,. \tag{2.8}$$

2.1.3.3 Konsequenzen für das Laserschreiben

Diese Betrachtungen sind für die Belichtung ohne weitere Berücksichtigung von Prozessparametern gültig. Um prozessspezifische Faktoren einzubeziehen, die sich durch die Belichtungsbedingungen, die Maske und den verwendeten Photolack ergeben, ist in der optischen Lithographie die Einführung eines Prozessfaktors k_1 gängig, welcher die Lackparameter sowie die Belichtungsbedindgungen enthält. Damit erweitert sich das Rayleigh-Kriterium (vgl. Formel 2.7) zu

$$d = k_1 \cdot \frac{\lambda}{NA} \quad [23]. \tag{2.9}$$

und gibt die sogenannte kritische Dimension, auch „half pitch“ genannt, an. Der „half pitch“ entspricht der halben Distanz von Linienmitte zu Linienmitte bei periodischen Strukturen. Ein direkter Vergleich des Prozessfaktors in der Lithographie mit Zwei-Photonen-Laserschreibprozessen ist aufgrund der unterschiedlichen Prozesse nicht sinnvoll. Dennoch kann der Laserschreibprozess über einen analogen Prozessfaktor evaluiert werden, der ebenfalls die Parameter der Belichtung und des Photolacks berücksichtigt. Da es sich bei Laserschreibprozessen nicht zwangsläufig um periodische Strukturen handelt, wird der Prozessfaktor in dieser Arbeit mit der Linienbreite als kritische Dimension definiert.

2.2 Stand der Technik bei direktem Laserschreiben

Direktes Laserschreiben ist ein Oberbegriff für additive, subtraktive und modifizierende Fertigungsverfahren, bei denen eine Relativbewegung zwischen einem Laserstrahl und einem Material generiert wird und dadurch eine Ablation, ein Transfer oder eine Modifikation des Materials hervorgerufen wird [24]. Neben laserinduzierter chemischer Gasphasenabscheidung (LCVD, englisch: *laser chemical vapor deposition*) und selektivem Lasersintern sind Stereolithographie und Multiphotonenlithographie im Laufe der Zeit als Standardprozesse etabliert worden. Eine Übersicht der laserbasierten Verfahren ist in diverser Fachliteratur zu finden, wie zum Beispiel in [24–28]. Um den Kontext dieser Arbeit zu erhalten, wird in der folgenden Betrachtung das direkte Laserschreiben lediglich auf die modifizierenden Verfahren von photosensitiven Materialien, also auf Ein-Photonen- und Multiphotonenlithographie, beschränkt. In diesem Abschnitt werden die lithographischen Größen diskutiert, während die Genauigkeit und Volumina der Positioniersysteme für die erzeugte Relativbewegung in Abschnitt 4.1 diskutiert werden.

2.2.1 Stereolithographie

Der in Abschnitt 2.1.1 beschriebene Prozess der Ein-Photonen-Absorption findet in der Stereolithographie zur Herstellung dreidimensionaler Bauteile Anwendung. Dieses additive Fertigungsverfahren wurde 1984 von Chuck Hull patentiert [29]. Ein Laserstrahl mit einer Wellenlänge im ultravioletten (UV) Bereich wird auf eine Schicht eines Photopolymers (zu Photopolymeren siehe Abschnitt 6.1) fokussiert [25]. Durch eine Relativbewegung zwischen Laserfokus und Photopolymer wird das Photopolymer in definierten Bereichen belichtet. An den belichteten Stellen findet eine lichtinduzierte Quervernetzung statt. Im Anschluss an die Aushärtung dieser Stellen wird eine weitere Schicht des Photopolymers aufgetragen und mit dem fokussierten Laserstrahl abgerastert, wodurch Schicht für Schicht ein dreidimensionales Bauteil entsteht [28]. Deshalb wird das Verfahren auch als Technologie des 3D-Drucks bezeichnet.
Mikrostereolithographie stellt eine Verbesserung der Technik bezüglich der Linienbreiten sowie des integrierten Aushärtens während der Schicht-für-Schicht Prozessierung

dar [24]. Die laterale Linienbreite wird durch den Fokusdurchmesser des verwendeten Laserstrahls beschränkt [30]. Da die Polymerisation im gesamten belichteten Bereich stattfindet (vgl. Abbildung 2.2a), hängt die minimal erreichbare Höhe von der aufgetragenen Schichtdicke ab, welche auch als Querschnittsdicke bezeichnet wird. Das laut [24] meistgekaufte Stereolithographiesystem „SLA-250“ (*3D Systems, Rock Hill, South Carolina, U.S.*) besitzt einen Fokusdurchmesser[1] von 60 µm. Laut Herstellerangaben können Bauteile mit Abmessungen von bis zu 1524 mm gefertigt werden [31]. Die Visiotech GmbH (*Leonberg, Deutschland*) wirbt für die Mikrostereolithographie mit Querschnittsdicken bis zu 1 µm [32]. Die kleinsten Linienbreiten erzielt der PolyJet (*Stratasys, Butzbach, Deutschland*) mit einem Fokusdurchmesser des Laserstrahls von 150 µm bis 100 µm [33]. Die Photopolymere können hierbei auf Schichtdicken bis zu 14 µm reduziert werden [34]. Die kommerziellen Geräte arbeiten mit CAD-Modellen (CAD engl. *computer aided design*) der Bauteile, auf deren Basis zweidimensionale Querschnitte erzeugt werden. Die Relativbewegung zwischen UV-Laser und Probe erfolgt dann entlang dieser Querschnitte [35]. Im Laborbetrieb konnten unter Verwendung von tief ultraviolettem Laserlicht mit Wellenlängen im Bereich von 300 nm bis 254 nm Linienbreiten von 0,5 µm erzielt werden [36].

2.2.2 Zwei-Photonen-Laserschreiben

Im Jahr 1997 gelang einer Forschergruppe aus Japan die Herstellung von dreidimensionalen Spiralstrukturen mit Mikrometerabmessungen per Zwei-Photonen-Absorption [5]. Seither hat das direkte Laserschreiben durch Zwei-Photonen-Absorption in Laboren überall auf der Welt Einzug gehalten, wobei eine stetige Verbesserung der Prozessparameter sowie der chemischen Zusammensetzung der Photolacke bezüglich der Generierung kleinstmöglicher Voxel Forschungsgegenstand ist. In Deutschland haben sich seit den frühen Anfängen eine Forschungsgruppe am Laserzentrum Hannover e.V. [37] und eine Forschungsgruppe aus Karlsruhe [38] maßgeblich an den Fortschritten der Technologie beteiligt. Neben der Technologie als Forschungsgegenstand wird der Prozess zunehmend für die Herstellung funktioneller Bauteile im industriellen Einsatz implementiert. Im Gegensatz zur Stereolithographie sind Zwei-Photonen-Lithographieprozesse nicht auf eine Schicht-für-Schicht Produktion beschränkt. Durch die Photoreaktion, die nur in einem sehr begrenzten Volumenelement um den Fokuspunkt auftritt (vgl. Abbildung 2.2b), können einzelne Voxel im Material modifiziert werden. Die Relativbewegung erzeugt eine durch einzelne Voxel zusammengesetzte

[1] Ausgehend von der Breite des Gauß-Profils bei einer Höhe von $1/e^2$ der Maximalintensität mit der Eulerschen Zahl e

Struktur. Zwei-Photonen-Laserschreiben ist ein Verfahren zum 3D-Druck im Submikrometerbereich. Joudkazis et al. konnten mit Zwei-Photonen-Prozessen hängende Nanodrähte in SU-8 Photolack herstellen, die an der schmalsten Stelle einen Durchmesser von etwa 30 nm aufweisen [39]. Tan et al. konnten mit einem vergleichbaren Verfahren schmalste Stellen von etwa 25 nm herstellen [6]. Die Abmessung von Linien mit konstanter Breite lässt sich anhand der Fachliteratur mit typischerweise um die 100 nm angeben.

Für die Umsetzung der Zwei-Photonen-Technik in der Industrie wurden einige Unternehmen gegründet. Marktführer in der kommerziellen Realisierung von 2PA-basierter Fertigung ist die Nanoscribe GmbH (*Eggenstein-Leopoldshafen, Deutschland*). Der Photonic Professional GT2 3D-Mikrodrucker erlaubt typische laterale Voxelgrößen von 160 nm [40]. In diesen Systemen findet der FemtoFiber pro NIR Laser (*TOPTICA Photonics, Graefelfing, Deutschland*) Verwendung [41]. Der Faserlaser emittiert in der zweiten Harmonischen der TEM_{00}-Mode (TEM, transversalelektromagnetisch) eine zentrale Wellenlänge von 780 nm mit einer durchschnittlichen Leistung von 140 mW bei einer Pulsdauer von 100 fs und mit 80 MHz Wiederholrate [41, 42]. Die Herstellung der Bauteile erfolgt analog zur Stereolithographie über den Import von CAD-Modellen, welche über eine eigene Software ausgewertet und je nach Anforderung und Voraussetzungen der Systemparameter in eine 2½-D bzw 3D Relativbewegung übergeben werden. Der Begriff 2½-D ergibt sich aus der Schicht-für-Schicht-Herstellung dreidimensionaler Bauteile. Die Begrenzung auf 2½-dimensionale Fertigung ist beispielsweise bei der Verwendung von galvanometrischen Laserscannern zur Steuerung des Laserstrahls gegeben (siehe Abschnitt 4.1).
In der aktuellen Forschung gibt es zwei grundlegende Konzepte zur weiteren Reduktion der Linienbreiten und Voxelgrößen, welche im Folgenden erläutert werden.

2.2.2.1 STED-Laserschreiben

Analog zur STED-Mikroskopie (STED, engl. *Stimulated Emission Depletion*), die 1994 theoretisch beschrieben [43] und 1999 zum ersten Mal experimentell realisiert wurde [44], wird einem Bearbeitungslaserstrahl ein Auslöschungslaser hinzugefügt. Durch gezielte Überlagerung der beiden Laser findet eine selektive räumliche Unterdrückung der Polymerisationsreaktion statt, was zu kleineren Voxeln und einer besseren Auflösung führt [22]. Der in der Arbeit von Fischer et al. verwendete Auslöschungslaser emittiert eine Wellenlänge von 532 nm und arbeitet im Dauerstrichbetrieb [11]. Der Laserstrahl wird zu einem Donut-Modus bzw. dem sogenannten Bottle-Beam (deutsch *Flaschenstrahl*) geformt, sodass im Zentrum des fokussierten Strahls ein Intensitätsminimun vorliegt und radial dazu ein Ring maximaler Intensität verläuft. Die Erzeugung dieser Strahlformen geschieht durch eine entsprechend gestaltete Phasenverzögerungsplatte. Wird nun das zentrale Minimum des Auslöschungslasers mit dem Intensitätsmaximum des Bearbeitungslasers überlagert, führt der darum liegende Intensitätsring zur Unterdrückung der Polymerisationsreaktion [4]. Die Anwendung dieses Mechanismus stellt besondere Anforderungen an die chemischen Zusammensetzungen der Photolacke, wobei die Funktionsweise bis heute Thema der Forschung ist und das Prinzip noch nicht vollständig verstanden wurde [4, 11]. Mit Hilfe der STED-Lithographie wurde bereits die Herstellung von Linien mit einer lateralen Abmessung von 55 nm und 53 nm in axialer Dimension mit einem Abstand von 120 nm gezeigt [45]. Außerdem gelang Gan et al. die Schaffung von Linien mit 9 nm Breite in einem speziell angefertigten Photolack [46].

2.2.2.2 SLM unterstütztes Laserschreiben

Der räumliche Lichtmodulator (SLM, engl. *Spatial Light Modulator*) ist ein optisches Element zur pixelbasierten unabhängigen Modifikation von Phase, Intensität und Polarisation eines Laserstrahls [47]. Dadurch können Aberrationen kompensiert werden, welche Einflüsse auf die Qualität der Voxel und damit auf die fabrizierten Strukturen haben [4]. Sphärische Aberrationen werden durch diverse optische Elemente im Strahlengang induziert, sofern diese vom Laserstrahl nicht achsnah passiert werden. Chromatische Aberrationen treten durch die spektrale Breite der Ultrakurzpulslaser auf. Neben der Korrektur von Aberrationen werden SLMs in der Formung der Laserstrahlen verwendet, um das Aspektverhältnis der ellipsoiden Voxel zu verbessern. Dazu wird der Strahl am SLM so beeinflusst, dass die numerische Apertur in einer Dimension reduziert wird [48, 49]. Auf diese Art konnten Strukturen mit Nanometerabmessungen mit einem symmetrischen Aspektverhältnis produziert werden [48]. Nachteil dieses Strahlformens ist hingegen die Verstärkung des Proximity-Effekts, also der intensitätsschwächeren Belichtung der Regionen um den Fokus durch Streulicht oder Beugungserscheinungen, sodass die Technik nicht für kleine Abstände zwischen den Linien respektive hohe Auflösungen geeignet ist. Waller et al. konnten mit SLM-basiertem direkten Zwei-Photonen-Laserschreiben photonische Kristalle mit Linienabständen von 400 nm herstellen [50].

2.3 Der Prozessablauf beim direkten Laserschreiben

Die Bearbeitung des Photolacks mittels direktem Laserschreiben kann einerseits zur Fertigung dreidimensionaler Bauteile verwendet werden, andererseits aber auch zur Strukturierung von Stegen und Gräben zur Herstellung von Ätzmasken, Gittern oder Lichtwellenleitern. In Abbildung 2.4a ist die Prozessabfolge schematisch für die Strukturierung von Gräben in Positivlack mit anschließendem Ätzprozess dargestellt, während in Abbildung 2.4b das dreidimensionale Laserschreiben zur Bauteilfertigung in einem Negativlack gegenübergestellt ist.

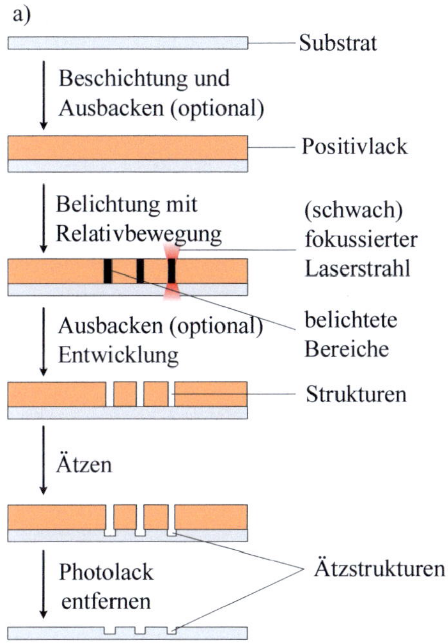

Abbildung 2.4: Beispielhafte Darstellung einer typischen Prozessabfolge beim zweiphotonenbasierten direkten Laserschreiben.
a) Strukturierung von Gräben bei schwacher Fokussierung des Laserstrahls in einem Positiv-Photolack mit anschließendem Ätzprozess.
b) Mikro- und Submikrometerfertigung durch direktes Laserschreiben mit starker Fokussierung des Laserstrahls unter Verwendung eines Negativ-Photolacks.

Zur Vorbereitung des Laserschreibens wird bei beiden Prozessen zunächst ein gereinigtes Substrat mittels Schleuderbeschichtung mit einem Photolack benetzt. Vor der Beschichtung kann eine dünne Schicht Haftvermittler zur besseren Adhäsion zwischen Photolack und Substrat aufgetragen werden [2]. Je nach Herstellerangaben des Photolacks erfolgt ein optionaler Ausheizschritt auf einer Heizplatte oder im Ofen. Die so hergestellten Proben werden dann belichtet, indem der fokussierte Laserstrahl und die Probe relativ zueinander bewegt werden. Zur Strukturierung von Gräben (vgl. Abbildung 2.4a) mit Zwei-Photonen Prozessen kann der Laserstrahl bei starker Fokussierung entlang der vertikalen Richtung relativ zum Lack bewegt werden oder eine weniger stark fokussierende Optik gewählt werden, wodurch sich der Fokusbereich sowohl lateral als auch axial ausdehnt. Weiterhin sind bei ausreichend starker Fokussierung dreidimensionale Strukturen durch die Zusammensetzung einzelner Voxel (vgl. Abbildung 2.4b) möglich.

Durch die Belichtung ändert sich die Löslichkeit des Photolacks, was in Abbildung 2.4 durch die schwarzen belichteten Bereiche dargestellt ist. Nach der Belichtung ist für manche Photolacke wiederum ein Ausheizschritt notwendig, bevor die Proben in eine Entwicklerlösung gegeben werden. Hier werden die Bereiche mit einer höheren Löslichkeit weggewaschen (vgl. Abbildung 2.4b), während die Bereiche mit geringerer Löslichkeit am Substrat haftend verbleiben (vgl. Abbildung 2.4a). Im Fall von Positivlack haben die belichteten Bereiche eine erhöhte Löslichkeit, im Fall von Negativlack sind die unbelichteten Bereiche stärker löslich. Es existiert eine Vielzahl unterschiedlicher Photolacke für unterschiedliche Anwendungsfälle. Eine Beschreibung der grundlegenden Eigenschaften der Photolacke ist in Abschnitt 6.1 gegeben. Die in dieser Arbeit verwendeten Photolacke und Entwicklerlösungen sind in Abschnitt 6.2 aufgelistet.

Im Falle des dreidimensionalen Laserschreiben in Negativlack als Fabrikationsmöglichkeit von Mikro- und Nanostrukturen verbleiben die belichteten Bereiche nach dem Entwicklungsschritt als Strukturen auf dem Substrat (vgl. Abbildung 2.4b) und der Prozess ist damit abgeschlossen. Wird das direkte Laserschreiben zur Strukturierung von Positivlacken verwendet, werden die belichteten Bereiche bei schwacher Fokussierung während des Entwicklungsprozesses zu Gräben im Photolack (vgl. Abbildung 2.4a). In einem weiteren Prozessschritt wird die Probe einem Ätzprozess ausgesetzt, wobei in den Bereichen ohne Photolack das Substrat geätzt wird, während der verbleibende Photolack eine Schutzschicht darstellt. Durch das Ätzen werden die Strukturen des Lacks in das Substrat übertragen.

3 Ultrakurze Laserpulse

Nach der theoretischen Beschreibung der Zwei-Photonen-Absorption von Maria Goeppert-Meyer im Jahr 1931 [51] dauerte es über 60 Jahre, bis der japanischen Forschergruppe um Shoji Maruo die erste experimentelle Umsetzung dieses Prozesses gelang [5]. Ausschlaggebend für die Realisierung war die Notwendigkeit einer geeigneten Lichtquelle. Mit der Erfindung des Lasers (engl. ***L**ight **A**mplification by **S**timulated **E**mission of **R**adiation*) im Jahr 1960 [52] war der erste Grundstein gelegt. Der entscheidende Durchbruch gelang mit der Erzeugung von ultrakurzen Laserpulsen. Bereits bei Maruo et al. ist die Rede von hohen Spitzenleistungen [5], welche auf gepulste Laser hindeuten können. Typischerweise wird heutzutage ein stark fokussierter Laserstrahl mit Pulsdauern im Femtosekundenbereich für Prozesse mit Zwei-Photonen-Absorption verwendet [16]. Im Folgenden wird ein kurzer Überblick über die Erzeugung und die Eigenschaften von ultrakurzen Laserpulsen gegeben.

3.1 Erzeugung von Laserlicht

Die Erzeugung von Laserlicht basiert auf dem Übergang von Elektronen von einem höheren auf ein niedrigeres Energieniveau unter Emission eines Photons mit der Energie ΔE_{niv} als Energiedifferenz zwischen den Niveaus [21]. Wird nun eine große Anzahl an Elektronen angeregt und auf ein höheres Energieniveau gebracht, kann eine Besetzungsinversion erzeugt werden, bei der sich mehr Elektronen auf höheren als auf niedrigeren Energieniveaus befinden [53]. Theoretisch werden für den Zustand der Besetzungsinversion nur zwei Energieniveaus benötigt, praktisch ist aber eine Realisierung nur mit drei oder vier Niveaus möglich [52–54]. Die hohe Kohärenz von Laserlicht liegt in der stimulierten Emission begründet. Ein Elektron im angeregten Zustand kann durch ein einfallendes Photon mit der Energie $\Delta E_{\mathrm{niv}} = hf$ zum Übergang in den niedrigeren Zustand veranlasst werden und damit ein Photon mit der gleichen Energie ΔE_{niv} emittieren. Das neue Photon hat bedingt durch die Energie nicht nur die gleiche Frequenz wie das einfallende Photon, sondern auch die gleiche Richtung, Polarisation und Phasenlage [54].

Ein Laser besteht aus einem Resonator der Länge L, welcher durch zwei Spiegel gebildet wird, von denen einer zur Auskopplung von Laserlicht teildurchlässig ist. Eine genaue Beschreibung von Laserresonatoren ist z.B. in [52] nachzulesen. In diesem Resonator können sich stehende Lichtwellen ausbilden. Für die axialen oder auch als longitudinal bezeichneten Moden gilt die Bedingung

$$L = i \cdot \frac{\lambda}{2}, \tag{3.1}$$

wobei λ die Wellenlänge und i der Modenindex ist [54]. Der Frequenzabstand zwischen den anschwingenden Moden lässt sich mit der Verknüpfung von Wellenlänge λ und Frequenz ν über die Lichtgeschwindigkeit c mit $c = \lambda\nu$ mit

$$\Delta\nu = \frac{c}{2L} \tag{3.2}$$

angeben [54]. Aufgrund der Teildurchlässigkeit eines Resonatorspiegels treten Verluste der stehenden Wellen auf. Eine Verstärkung der Moden ist notwendig, um diese Verluste auszugleichen und wird gleichzeitig zur Modenselektion verwendet [52]. Das Verstärkungsprofil, was die Frequenzabhängigkeit der Strahlungsverstärkung in einem Lasermedium beschreibt, lässt also nur diejenigen Moden anschwingen, deren Verstärkung über den Verlusten des Systems liegt [52].

3.2 Modenkopplung zur Erzeugung von Laserpulsen

Bei der Erzeugung ultrakurzer Laserpulse wird ein breites Verstärkungsprofil gewählt, um mehrere Moden anschwingen zu lassen, die dann synchronisiert werden. Dieses Verfahren wird auch als Modenkopplung bezeichnet [52], wenn diese Moden mit gleicher Amplitude und einer festen Phasenbeziehung ϕ_q zueinander oszillieren [52]. Durch Superposition ergibt sich die Amplitude des elektrischen Feldes E in Abhängigkeit von der Zeit t mit

$$E(t) = \sum_{q=-n}^{n} E_0 \exp\{2\pi i[(\nu_0 + q\Delta\nu_{\mathrm{q,q+1}})t + \phi_\mathrm{q}] = A(t)\exp(2\pi i\nu_0 t)\,, \tag{3.3}$$

wobei ν_0 die Frequenz der zentralen Mode, q die Modenzahl, $\Delta\nu_{\mathrm{q,q+1}}$ der Frequenzabstand zweier aufeinanderfolgender Moden und E_0 die Amplitude des elektrischen

Feldes ist. Die Amplitude $A(t)$ ergibt sich mit

$$A(t) = E_0 \cdot \frac{\sin[(2n+1)(2\pi\Delta\nu_{\mathrm{q,q+1}}t + \phi_{\mathrm{q}})/2]}{\sin[2\pi\Delta\nu_{\mathrm{q,q+1}}t + \phi_{\mathrm{q}}/2]} \quad [52]. \tag{3.4}$$

Der Frequenzabstand zweier Moden kann über Gleichung 3.2 bestimmt werden. Die Pulsdauer $\Delta\tau_p$ ergibt sich aus der Halbwertsbreite des Pulses. Der zeitliche Abstand τ_p zwischen zwei Pulsen ist abhängig von der Resonatorlänge L und der Lichtgeschwindigkeit c und entspricht der Umlaufzeit im Resonator [52]. Das Zeitverhalten der Intensität ist beispielhaft in Abbildung 3.1 dargestellt. In der Praxis kann die Modenkopplung

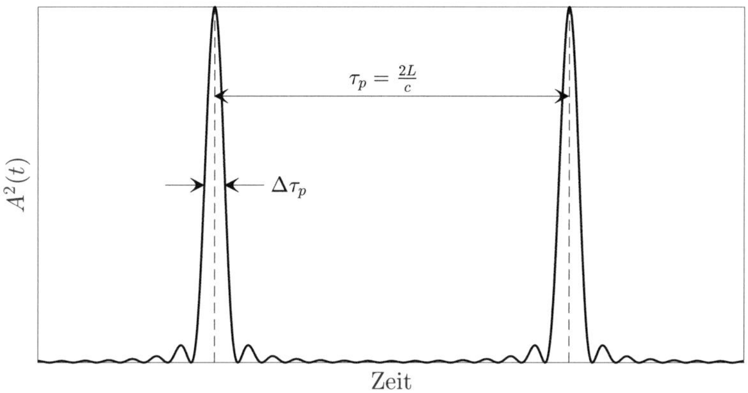

Abbildung 3.1: Zeitverhalten der Intensität $A^2(t)$ (Quadrat der Amplitude) am Beispiel von sieben gekoppelten Moden mit konstanter Phasenbeziehung und identischen Amplituden mit der Pulsdauer $\Delta\tau_p$ und dem zeitlichen Abstand τ_p zwischen zwei Pulsen (nach [52]).

umgesetzt werden, indem ein optisch aktives Element in den Resonator eingebracht wird, welches während einer Resonatorumlaufzeit auf durchlässig bzw. undurchlässig schalten kann [54]. Es existieren dazu zwei methodische Ansätze, die in aktive und passive Modenkopplung unterschieden werden. Um mit derart hoher Frequenz schalten zu können, werden akustooptische oder heutzutage fast ausschließlich elektrooptische Güteschalter verwendet [54]. Da bei diesem Verfahren der Modenkopplung aktiv eingegriffen wird, nennt sie sich auch „aktive Modenkopplung“. Analog wird der Begriff der „passiven Modenkopplung“ verwendet, wenn die Modenkopplung ohne äußeres Eingreifen geschieht. Realisiert wird dies durch einen sättigbaren Absorber, der intensitätsabhängig absorbiert [52]. Bei hohen Strahlungsintensitäten finden Übergänge vom Grundzustand in einen angeregten Zustand statt. Dies geschieht so lange, bis die Differenz zwischen der Anzahl der Elektronen im angeregten und im Grundzustand klein ist und keine Strahlung mehr absorbiert wird. Der Übergang ist nun gesättigt und das Material wird transparent für die Strahlung [54].

3.3 Das Zeit-Bandbreite-Produkt von ultrakurzen Laserpulsen

Durch die Wahl eines breiten Verstärkungsprofils kann eine Vielzahl von Moden im Resonator anschwingen, die dann synchronisiert werden. Aus Formel 3.4 kann die Halbwertsbreite $\Delta\tau_p$ der Pulse mit

$$\Delta\tau_p \approx \frac{1}{(2n+1)\Delta\nu_{\mathrm{q,q+1}}} \tag{3.5}$$

abgeschätzt werden [52]. Demnach ist die Pulsdauer direkt mit der spektralen Breite $\Delta\nu$ verknüpft und die Pulsdauer wird kürzer, wenn die Anzahl n der an der Modenkopplung beteiligten Moden groß ist. Der Zusammenhang zwischen der spektralen Breite des Pulses und der Pulsdauer wird zudem durch die Pulsform determiniert. Es folgt das sogenannte Zeit-Bandbreite-Produkt (TBP, engl. *time bandwidth product*), welches für eine gegebene Pulsform eine untere Schranke für das Produkt aus spektraler Breite, auch Bandbreite genannt, $\Delta\nu$ und Pulsdauer $\Delta\tau_p$ mit

$$\Delta\nu\Delta\tau_p \geq c_{\mathrm{TBP}} \tag{3.6}$$

definiert, wobei c_{TBP} eine pulsformabhängige Konstante ist [55]. In Tabelle 3.1 sind die Konstanten für ausgewählte Pulsformen dargestellt.

Tabelle 3.1: Konstanten c_{TBP} für das Zeit-Bandbreiteprodukt der gängigen Pulsformen (nach [55]).

Pulsform	c_{TBP}
Gauß - Profil	0,441
sech^2 - Profil	0,315
Lorentz - Profil	0,221

4 Positioniersysteme für direktes Zwei-Photonen-Laserschreiben

Im Kontext des direkten Laserschreibens bedeutet Positionierung, dass eine Relativbewegung zwischen dem Laserfokus und der Probe initiiert wird. Die Relativbewegung kann durch die Bewegung der Probe (sample scanning mode), die Bewegung des Laserstrahls und damit des Laserfokusses (scanning probe mode) oder eine kombinierte Bewegung beider (mixed scanning mode) erfolgen [56].
Der Sample-Scanning-Mode ist in Positioniersystemen implementiert, bei denen beispielsweise Piezo-Lineartische eingesetzt werden, auf denen die Probe fixiert ist. Die Positionierbereiche liegen bei Präzisionstischen mit wenigen Nanometern Wiederholbarkeit[2] dieser Art bei wenigen hundert Mikrometern. Größere Positionierbereiche sind bis zu einigen Millimetern realisierbar, allerdings verschlechtert sich damit auch die Wiederholbarkeit der Systeme [58]. Der Scanning-Probe-Mode hingegen basiert meist auf galvanometrischen Spiegelscannern, die den Laserstrahl vor dessen Eintritt in die Fokussieroptik auslenken und somit einen lateralen Versatz des Laserfokusses induzieren. Die Positionierung kann dadurch sehr schnell erfolgen. Nachteile dieser Positionierung sind Fokusverzerrungen durch Aberrationen und Verzerrungen bei Durchtritt des Laserstrahls durch äußere Bereiche des Objektivs [15], ebenso aber auch die verhältnismäßig kleinen Bereiche, in denen der Laserstrahl über eine Probe gelenkt werden kann. Die Positionierbereiche von galvanometrischen Spiegelscannern können zwar auch im Millimeterbereich liegen [59], allerdings wird die Auslenkung des Laserstrahls durch die Eigenschaften des Objektivs auf einige Mikrometer begrenzt [60]. Um die Bereiche zu vergrößern, kann der Mixed-Scanning-Mode verwendet werden. Dieser besteht aus einer Kombination von galvanometrischen Scannern für die zeiteffiziente Abrasterung der Mikrometerbereiche mit Piezo-Lineartischen für größere Verfahrwege. Dieses Verfahren erfordert somit das Stitchen einzelner kleiner strukturierter Bereiche zu einer großen Struktur. Hierbei ist wiederum die Positioniergenauigkeit der verwendeten Piezo-Lineartische ausschlaggebend für die Präzision, mit der die einzelnen Bereiche bei Stitchen zusammengesetzt werden können. Durch das Stitchen ergeben

[2]Definitionen der Begriffe der Messtechnik sind in [57] zu finden.

sich also erhöhte Unsicherheiten in der Positionierung. Neben der Positioniergenauigkeit werden die Linienbreiten und Linienabstände bei direkten Laserschreibprozessen wesentlich durch die Auflösung des Positionierersystems beeinflusst [30]. Nach dem internationalen Wörterbuch der Metrologie (VIM, franz. *vocabulaire internationale de métrologie*) ist Auflösung die kleinste Änderung einer Messgröße, die eine wahrnehmbare Änderung der Anzeige hervorruft [57]. Im Falle von Positioniersystemen entspricht dies der minimalen Mess- und einstellbaren Schrittweite. Um Verwechslungen mit der in Kapitel 2 thematisierten optischen Auflösung zu vermeiden, wird die Auflösung gemäß des VIM im Folgenden für Positioniersysteme mit Positionierauflösung und für Messsysteme mit Messauflösung bezeichnet.

4.1 Stand der Technik

Der Stand der Technik bei kommerziellen Geräten für zweiphotonenbasierte Laserfabrikation wird maßgeblich durch die Nanoscribe GmbH (*Eggenstein-Leopoldshafen, Deutschland*) bestimmt. Als weitere Hersteller kommerzieller Geräte sind die Multiphoton Optics GmbH (*Würzburg, Deutschland*) mit dem LithoProf3D® und die Firma TETRA® (*Ilmenau, Deutschland*) mit dem Nano 3D Drucker MBZ-2PP zu nennen. Allerdings ist unklar, ob dieses Gerät noch vertrieben wird. Neben der Darstellung des marktführenden Geräts zum Zwei-Photonen-Laserschreiben der Nanoscribe GmbH wird außerdem der Stand in Forschungslaboren umrissen.

4.1.1 „Photonics Professional GT2“ (Nanoscribe GmbH)

Für das auf dem Prinzip eines inversen Mikroskops basierende „Photonics Professional GT2“-System der Nanoscribe GmbH (*Eggenstein-Leopoldshafen, Deutschland*) wird ein Druckvolumen für den laserinduzierten Mikro- und Nano-3D-Druck von bis zu 100 mm^3 bei einer Druckfläche von $100 \times 100\,\text{mm}^2$ angegeben [40]. Die Druckhöhe entspricht demnach 10 µm. Der dreidimensionale Mikrodruck kann in Höchstgeschwindigkeit durch die Verwendung von Galvanotechnologie realisiert werden [40]. Die maximale Scangeschwindigkeit des Laserstrahls durch die galvanometrischen Spiegel ist im Datenblatt mit 100 mm/s vermerkt [40]. Diese Drucktechnologie ist aufgrund der Verwendung von galvanometrischen Spiegelscannern auf Schicht-für-Schicht-Fabrikation limitiert, wobei die Distanz zwischen zwei Schichten 0,3 µm bis 5,0 µm betragen kann. Die maximal herstellbare Objekthöhe ist mit 8 mm vermerkt. Dies steht im Widerspruch mit der aus dem angegebenen Positioniervolumen und der Druckfläche bestimmten Höhe, was auf eine weitere, nicht genannte Positionierung in axialer Richtung schließen lässt.

Der Bereich, in dem der Laserfokus durch diese Positionierung bewegt werden kann, beträgt wenige hundert Mikrometer, abhängig vom verwendeten Objektiv [61]. Ebenfalls abhängig vom Objektiv und dessen optischen Eigenschaften ist die Wiederholbarkeit, welche für ein Objektiv mit $NA = 1,4$ mit 14 nm vermerkt ist. Die Relativbewegung zwischen Probe und Laserfokus kann neben der Ablenkung des Laserstrahls mittels des Galvoscanners durch zwei weitere Bewegungen realisiert werden. Eine Möglichkeit dazu bietet das PI-Nanopositioniersystem „P-563“ der Physik Instrumente (PI) GmbH (*Karlsruhe, Deutschland*) einen Bewegungsbereich von $300 \times 300 \times 300\,\mu m^3$ [62]. Aus dem Datenblatt des Positioniertisches mit kapazitiven Sensoren geht die Positionierauflösung im geregelten Zustand mit 2 nm hervor. Die Wiederholgenauigkeit wird mit 2 nm in X- und Y-Richtung und 4 nm in Z-Richtung angegeben [63]. Die maximale Geschwindigkeit der Positionierung ist auf 300 µm/s begrenzt. Der gesamte im Datenblatt vermerkte planare Bewegungsbereich von $100 \times 100\,mm^2$ wird durch die Kombination mit einem motorischen XY-Tisch erreicht.[3] Dieser kann mit Geschwindigkeiten von bis zu 500 µm/s bewegt werden. Die Wiederholbarkeit beträgt 1,5 µm [61].

4.1.2 „LithoProf3D®“ (Multiphoton Optics GmbH)

Das „LithoProf3D®“-System der Multiphoton Optics GmbH (*Würzburg, Deutschland*) wurde nach dem Prinzip des Mixed-Scanning-Mode mit einem galvanometrischen Scannersystem und elektromagnetischen Direktantrieben realisiert. Die galvanometrischen Spiegelscanner können in einem maximalen Winkelbereich von ±20° ausgelenkt werden [64]. Die Objektivauswahl mit numerischen Aperturen von $NA = 0{,}45$ bis $NA = 1{,}4$ ermöglicht in Kombination mit den Spiegelscannern die Laserstrahlpositionierung auf einer Fläche von bis zu 420 µm × 420 µm [64]. Die Wiederholbarkeit des Scannersystems liegt bei 0,4 rad, die Wiederholbarkeit der Positionierung in Kombination mit den Objektiven ist nicht bekannt. Die luftgelagerten Direktantriebe bieten ein Positioniervolumen von 100 mm × 100 mm × 50 mm mit Wiederholbarkeiten von bis zu 50 nm pro Achse [64].

4.1.3 Nicht-kommerzielle Forschungssysteme

In wissenschaftlichen Instituten zur Erforschung des direkten Laserschreibens werden ähnliche Positioniersysteme wie in den kommerziellen Geräten verwendet. Waller berichtet von einem Dreiachspiezostage der Physik Instrumente (PI) GmbH (Karlsruhe, Deutschland), der ein Positioniervolumen von $300 \times 300 \times 300\,\mu m^3$ abdeckt [50]. Eine

[3] Eine Produktbezeichnung hierzu konnte nicht in Erfahung gebracht werden.

Artikelbezeichnung ist nicht angegeben. Aufgrund der auf der Internetseite der Physik Instrumente (PI) GmbH aufgeführten Mehrachsen-Piezotische [65] ist zu folgern, dass es sich ebenfalls um das Nanopositioniersystem „P-563“ handelt, welches bereits im „Photonics Professional GT2“ der NanoScribe GmbH verbaut ist.

Eine weit verbreitete Möglichkeit der Positionierung stellt die Kombination eines Aufbaus für Zwei-Photonen-Laserschreiben mit einem (inversen) Fluoreszenzmikroskop dar, welches gegebenenfalls durch galvanometrische Spiegel zur schnelleren Positionierung ergänzt werden kann [66]. Eine Variante, welche die Kombination eines inversen Mikrokops mit galvanometrischen Spiegeln für die laterale Positionierung und einer axialen Positionierung durch ein Autofokussystem vorsieht, wurde von Lin et. al beschrieben [67]. Die Besonderheit dieses Aufbaus liegt in der axialen Positionierung durch eine Modulation der Fokushöhe, die durch ein höhenverstellbares Objektiv erreicht wird. Dafür wird das Autofokus-Piezoelement „Nano-F100“ (*Mad City Labs, Madison, WI, USA*) verwendet [68]. Der Positionierbereich dieses Verstellsystems beträgt 100 µm bei einer Positionierauflösung von 0,2 nm [69]. Die Wiederholbarkeit ist nicht angegeben. Die Positionierung in XY-Richtung ist durch den Positioniertisch „ProScan II“ (*Prior, Cambridge, Vereinigtes Königreich*) realisiert, der in das inverse Mikroskop „Axiovert 200“ (*Zeiss, Jena, Deutschland*) integriert ist. Dieser Positioniertisch ist für diverse inverse Mikroskope erhältlich und kann mit unterschiedlichen Probenhaltern gekauft werden, wodurch sich die Spezifikationen minimal voneinander unterscheiden. Alle Systeme decken eine Positionierfläche von 114 mm × 76 mm ab. Die Positionierauflösung ist mit 0,01 µm und die Wiederholbarkeit mit unter 1 µm angegeben [70]. Der verwendete Galvanometer-Scanner „6215H“(*Cambridge Technology, Bedford, USA*) hat einen maximalen Auslenkwinkel von 40° bei einer Wiederholbarkeit von 8 µrad [71].

Wollhofen et al. verwenden für das STED-Laserschreiben den piezogetriebenen Dreiachspositioniertisch „P-611.3S NanoCube“ (*PhysikInstrumente, Karlsruhe, Deutschland*), welcher zur großflächigen Positionierung auf einen Dreiachs-Mikrometer-Positioniertisch[4] (*Thorlabs, Newton, NJ, USA*) montiert wurde [45]. Die technischen Spezifikationen des P-611.3S NanoCubes versprechen ein Positioniervolumen von $120 \times 120 \times 120\,\mu m^3$ bei 0,2 nm Positionierauflösung und weniger als 10 nm Wiederholbarkeit [72].

Für Laserschreiben mit Positioniervolumina im Millimeterbereich, welche dennoch Positionierauflösungen und Wiederholbarkeiten im Nanometerbereich versprechen, hat die Forschungsgruppe um Malinauskas ein System aufgebaut [73]. Um ein Positionier-

[4]Eine Produktbezeichnung hierzu konnte nicht in Erfahung gebracht werden.

volumen von $150 \times 150 \times 4\,\text{mm}^3$ adressieren zu können, wurden drei Linearpositionierer vereint. Für die laterale Positionierung wurde für die X- und Y-Achse jeweils der Linearpositionierer „ALS30H“ (*AEROTECH, Fürth, Deutschland*) mit einer Positionierauflösung von 0,5 nm verwendet [73, 74]. Für die Positionierung in Z-Richtung wurde das System „ANT-4V“ (*AEROTECH, Fürth, Deutschland*) ausgewählt, welches eine Positionierauflösung von 1 nm bieten kann [73, 75]. Die Wiederholbarkeiten gibt der Hersteller mit 75 nm für den Positionierer ALS30H und mit 200 nm für den Positionierer ANT-4V an [74, 75]. Besonders hervorzuheben ist bei diesem Positionieraufbau die Positioniergeschwindigkeit von bis zu 300 mm/s.

Am Laserzentrum Hannover e.V. (LHZ) wurde ebenfalls ein Laserschreibsystem aufgebaut, das auf dem Mixed-Scanning-Mode basiert. Serbin beschreibt ein Positioniersystem bestehend aus einem „Piezo-Würfel“ mit einem Positionierbereich von 100 µm und 3 nm Positionierauflösung [60], wobei die Angaben vermutlich für alle drei Achsen gelten. Der Piezo-Würfel befindet sich auf drei kombinierten Linearpositionierern, die jeweils einen Positionierbereich von 250 mm bei einer Positionierauflösung von 10 nm aufweisen [60]. Für die Auslenkung des Laserstrahls wurde ein galvanometrisches Scannersystem mit einem Winkelbereich von $\pm 12{,}5°$ und einer Positionierauflösung von $\pm 6{,}7$ mrad verwendet [60]. Angaben zu den Herstellern oder den Bezeichnungen der verwendeten Systeme sind nicht gemacht. Eine weitere Beschreibung eines Laserschreibsystems am LHZ von Ostendorf und Chichkov lässt auf eine Erweiterung des Systems von Serbin oder auf ein zweites verwendetes Laserschreibsystem schließen. Es wird von einem Positioniersystem mit drei Achsen mit einem Positioniervolumen von $100 \times 100 \times 100\,\text{mm}^3$ berichtet [76]. Dabei handelt es sich um ein modular aufgebautes System aus Linearpositionierern der Serie „ABL1000“ oder „ABL1500“ (*AEROTECH, Fürth, Deutschland*) [77]. Diese haben eine Positionierauflösung von 0,5 nm bei einer Wiederholbarkeit von 50 nm pro Achse [78, 79]. Ein galvanometrisches Scannersystem ist an der z-Achse des Dreiachspositioniersystems befestigt [76]. Auch hier sind keine Angaben zu Herstellern oder den Bezeichnungen gemacht, sodass keine Aussagen über Wiederholbarkeiten oder die Positionierauflösungen gemacht werden können. Die Genauigkeit ist für das galvanometrische Scannersystem mit 100 nm und für das Dreiachspositioniersystem mit weniger als 400 nm angegeben [76].

4.1.4 Bewertung der Systeme

Die Kombination der Positioniersysteme des „Photonics Professional GT2“ zum Mixed-Scanning-Mode ermöglicht das Stitchen von Mikrometerbereichen zu großen Bereichen mit Abmessungen von 100 mm, allerdings führt die Wiederholbarkeit von nur 1,5 µm des großen Positioniersystems zu erheblichen Unsicherheiten in der Positionierung. Werden zudem noch die Fehlereinflüsse durch Verzerrungen des Fokuspunktes betrachtet, die sich durch die Verwendung des galvanometrischen Spiegelsystems zur Auslenkung des Laserstrahls zu äußeren Bereichen des Objektivs ergeben, erscheint dieses System nicht sinnvoll für eine nanometergenaue Positionierung des Laserfokusses zur Probe. Eine weitere Limitierung stellt die geringe Höhe des Positioniervolumens mit nur 10 µm dar. Für die präzise Strukturierung von Photolacken mit Grundflächen von wenigen hundert Mikrometern eignet sich das integrierte PI-Nanopositioniersystem. Größere Bereiche oder eine schnelle Strukturierung sind nur unter Einbußung der Präzision möglich. Gleiche Restriktionen gelten für das Positioniersystem am Laserzentrum Hannover. Das inverse Mikroskop, das von Lin et. al verwendet wird, hat den Vorteil einer hohen axialen Auflösung von 0,2 nm bei einer Gesamthöhe von 100 µm, allerdings ist die Wiederholbarkeit unbekannt. Der Positionierbereich in lateraler Richtung ist mit 114 mm × 76 mm groß, die Auflösung und die Wiederholbarkeit sind aber vergleichsweise schlecht. Das Positioniersystem von Malinauskas et al. bietet ein großes Positioniervolumen mit guter Auflösung im Subnanometer- bis Nanometerbereich. Ein Blick auf die Wiederholbarkeiten, die bis zu 200 nm betragen, zeigt die Defizite dieses Systems bei der Präzisionsstrukturierung auf. Für die Experimente zum STED-Laserschreiben werden Positioniersysteme verwendet, die mit etwa 10 nm Wiederholbarkeit nur um $^1/_5$ besser sind als die schmalsten geschriebenen Linien.

Um von der hohen optischen Auflösung der Zwei-Photonen-Prozesse zu profitieren, sind hochgenaue Positioniersysteme erforderlich [76]. Ein Positioniersystem, das alle gewünschten Eigenschaften wie ein großes Positioniervolumen mit einer hohen Positionierauflösung und sehr guten Wiederholbarkeiten vereint, ist die Nanopositionier- und Nanomessmaschine.

4.2 Die Nanopositionier- und Nanomessmaschine

Die Nanopositionier- und Nanomessmaschine NMM-1 wurde an der Technischen Universität Ilmenau entwickelt [80, 81] und wird seither von der SIOS Meßtechnik GmbH (*Ilmenau, Deutschland*) kommerziell vertrieben [82]. Die Maschine ermöglicht eine hochpräzise Positionierung in einem Volumen von 25 mm × 25 mm × 5 mm im Fall der NMM-1 [83] und bis 200 mm × 200 mm × 25 mm im Fall der NPMM-200 [84]. Die Positionierauflösung in diesem Volumen ist mit 0,1 nm angegeben [85]. Die Wiederholbarkeit liegt unter 1 nm [81].

4.2.1 Messprinzip und Aufbau der NMM-1

Um eine derart präzise Messung und Positionierung realisieren zu können, müssen die auftretenden Messabweichungen möglichst gering sein. Ein Ansatz dazu liegt in der Minimierung der Abweichungen, welche durch Verkippungen des Messgeräts auftreten. Sind bei einer Längenmessung Messachse und Messskala nicht fluchtend zueinander angeordnet und die Messachse verkippt aufgrund von Führungsfehlern, kommt es zu einer Messabweichung, welche auch als Messabweichung erster Art bezeichnet wird [86]. Eine Messabweichung zweiter Art liegt trotz fluchtender Anordnung von Messachse und Objektachse vor, da eine Verkippung der Führungselemente nicht gänzlich verhindert werden kann.
Nach Manske et al. lässt sich die Messabweichung erster Art mit der Offsetlänge zwischen Mess- und Skalenachse l_{off} und dem Kippwinkel φ der Führung mit dem folgenden trigonometrischen Zusammenhang

$$\Delta l = l_{\text{off}} \cdot \sin(\varphi) \tag{4.1}$$

bestimmen [81]. Ernst Abbe beschrieb mit seinem Komparatorprinzip sogenannte abbefehlerfreie Anordnung, wenn die Messachse und die Objektachse in einer geraden Linie ausgerichtet, also fluchtend sind [87].

In der Nanopositionier- und Nanomessmaschine NMM-1 wurde das Prinzip zur abbefehlerfreien Messung in allen drei Achsen des addressierten kartesischen Koordinatensystems realisiert [80]. Formel 4.1 wird somit zu

$$\Delta l_i = l_{\text{off}_i} \cdot \sin(\varphi_i) \xrightarrow{l_{\text{off}_i} \to 0} 0 \quad [81]. \tag{4.2}$$

Das Messprinzips ist in Abbildung 4.1 schematisch dargestellt. Als Messsysteme für die laterale Positionierung sind drei Interferometer integriert, die am metrologischen Rahmen der Maschine befestigt und entlang der drei Koordidatensystemachsen ausgerichtet sind [81]. Gemessen wird gegen eine Präzisionsspiegelecke, welche in allen drei Koordinatenachsen verspiegelte Flächen aufweist und gleichzeitig als Probentisch für die Bewegung des Messobjektes dient [88]. Die Verwendung von frequenzstabilisierten Lasern für die Interferometer ermöglicht die metrologische Rückführbarkeit der Längenmessung. Die Bewegung der Spiegelecke erfolgt in einem geschlossenen Regelkreis [89]. Die Umsetzung der abbefehlerfreien Messung in allen drei Messachsen geschieht durch die Ausrichtung der Interferometermessstrahlen auf einen gemeinsamen Schnittpunkt, den sogenannten Abbe-Punkt. Diese Ausrichtung der Interferometer-

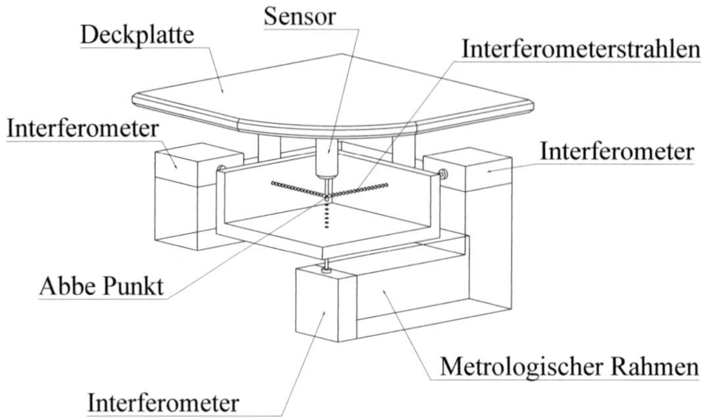

Abbildung 4.1: Schematische Darstellung des Messprinzips der NMM-1. Die Verlängerung der Messstrahlen der am metrologischen Rahmen befestigten Interferometer schneiden sich im Abbe-Punkt, während eine orthogonale Präzisionsspiegelecke zur Reflexion dieser Strahlen dient. Die Deckplatte dient zur Halterung des Sensors, dessen Antastpunkt ebenfalls im Abbe-Punkt liegt (vgl. Text). Abbildung nach [81].

messachsen am Abbe-Punkt und die Reflexion der Messstrahlen an der orthogonalen Spiegelecke minimieren die Offsetlängen l_{off_i} nach Formel 4.2 bei der Positionsmessung der Spiegelecke und der darauf liegenden Probe. Die Bewegung der Spiegelecke wurde gegenüber einer Bewegung der Messsysteme und des metrologischen Rahmens ausgewählt, um Fehler erster Ordnung zu minimieren [88]. Zusätzlich zu den drei Längenmesssystemen wurden in der NMM-1 Winkelmesssysteme zur aktiven Regelung des führungsbedingten Kippwinkels integriert, wodurch der resultierende Abbefehler auf unter 0,1 nm reduziert wird (vgl. Formel 4.2) [81]. Um neben der Positionierung auch die Probenoberfläche abbefehlerfrei zu erfassen, muss das Antastsystem des aus dem Multi-Sensor-Konzept (siehe hierzu [89]) ausgewählten Sensors ebenfalls im Abbe-Punkt liegen. Zur Befestigung des Sensors wird eine Deckplatte auf den metrologischen Rahmen montiert. Der Sensor arbeitet als Fixpunktsensor, während die Spiegelecke bewegt wird [81]. Der metrologische Rahmen besteht aus Zerodur® (*Schott AG, Mainz, Deutschland*), was einen geringen Temperaturausdehnungskoeffizienten aufweist [84]. Es wird ein dreiachsiges Führungs- und Antriebssystem verwendet, welches modular aufeinander aufgebaut ist. Eine detaillierte Beschreibung der Führungssysteme und der Funktionsweise sowie eine Betrachtung der Messunsicherheiten der NMM-1 ist unter anderem in [88] und [90] zu finden.

4.2.2 Der Laserfokussensor

Um die NMM-1 nicht nur als Positionier-, sondern auch als Messmaschine verwenden zu können, wurde ein modulares Multi-Sensor-Konzept entwickelt. Durch die Applikation unterschiedlichster Messsysteme können diverse Messaufgaben und Messabläufe mit der NMM-1 realisiert werden. Die Sensoren fungieren als Nullindikator und sind fix mit der Deckplatte verbunden, sodass der jeweilige Messpunkt des Sensors konstant im Abbepunkt lokalisiert ist. Innerhalb ihrer Kennlinien werden die Sensorsignale ausgewertet und es erfolgt eine Nachregelung der Spiegelecke [89].

Insgesamt wurden bisher fünf Sensorsysteme erfolgreich mit der NMM-1 vereint [85]. Darunter zählen ein Laserfokussensor, ein Weißlichtinterferenzmikroskop, ein Tastschnittsensor, ein Atomkraftmikroskop sowie diverse 3D-Mikrotaster [91]. Eine ausführliche Gegenüberstellung der Vor- und Nachteile sowie der messtechnischen Eigenschaften dieser Sensoren ist in [89] zu finden. Das Kernstück des Multi-Sensor-Konzepts ist eine sogenannte Hologram-Laser-Unit[5] in Kombination mit einer CCD-Kamera (engl. *Charge Couple Device*) und einem Beleuchtungsmodul [92]. Die Hologram-Laser-Unit wurde ursprünglich für CD- (engl. *Compact Disk*)- und DVD-Spieler (engl. *Digital Versatile Disk*) entwickelt. Die Funktionsweise dieses optischen Elements ist unter anderem in [93–95] beschrieben. In Kombination mit einer Fokussieroptik kann die Hologram-Laser-Unit als Laserfokussensor verwendet werden. Die emittierte Wellenlänge beträgt 650 nm. Aus der Anwendung in der DVD-Auslesetechnik sind die notwendigen Parameter für die Fokussieroptik mit einer numerischen Apertur von $NA = 0,6$ und einer Brennweite von $f = 3{,}3\,\text{mm}$ festgelegt [85]. In der Regel wird aus Praktikabilitätsgründen ein Long-Distance-Objektiv[6] verwendet, um die Restriktion auf den geringen Arbeitsabstand zu umgehen, die numerische Apertur aber beizubehalten. Somit kann der gesamte Positionierbereich der NMM-1 ausgenutzt werden und ist nicht in vertikaler Richtung durch die Objektivbrennweite begrenzt. Die vertikale Messauflösung dieser Anordnung ist mit unter 1 nm angegeben. Die Messgeschwindigkeit kann von der Messung von Einzelpunkten bis zu kontinuierlichen Messungen mit einer Geschwindigkeit von 6 $^{\text{mm}}/_{\text{s}}$ variiert werden, wobei die Reproduzierbarkeit unter 2 nm liegt [89]. Der Laserfokussensor ist in der Messung auf seinen Fokusbe-

[5] Aufgrund der fachlichen Einordnung dieses Begriffes wird auf eine deutsche Übersetzung verzichtet.

[6] Auch hier wird auf eine Übersetzung verzichtet. Es handelt sich um ein Objektiv mit einem großen Arbeitsabstand.

reich begrenzt, sodass der zu messende Probenpunkt immer in einem Bereich von einigen Mikrometern um den Fokuspunkt der Messstrahlen liegt. Dies ermöglicht die Durchführung benutzerspezifischer Messaufgaben, ist aber für die Darstellung großer Oberflächen ineffizient. Eine ausführliche Betrachtung der Funktionsweise und der messtechnischen Eigenschaften des Laserfokussensors ist in [93] aufgeführt.

5 Realisierung und Charakterisierung eines Laserschreibsystems auf Basis der NMM-1

Die hochpräzise Positionierung und das große Positioniervolumen der NMM-1 stellen beste Voraussetzungen für die Nutzung der Maschine als Positioniersystem im Kontext des Laserschreibens dar. Analog zur Positionierung mit herkömmlichen Piezo-Positioniertischen kann bei der Verwendung von Nanopositionier- und Nanomessmaschinen die Relativbewegung zwischen Probe und Laserfokus im *sample scanning mode*, also der Bewegung der Probe bei fixem Laserfokus, erreicht werden. Für die Realisierung von zweiphotonenbasierten Laserschreibprozessen mit großen Bearbeitungsbereichen und hoher Präzision soll ein Femtosekundenlaser mit Fokussieroptik in der NMM-1 zum Einsatz kommen. Die Intensität des Femtosekundenlasers soll variabel sein und für den Laserschreibprozess ist ein schnelles Ein- und Ausschalten des Laserstrahls notwendig. Zudem ist eine Abstandsregelung vom Femtosekundenlaserfokus zur Probe sinnvoll. Die Multifunktionalität des Aufbaus soll dabei berücksichtigt werden, sodass ein einphotonenbasierter Laserschreibprozess mit Diodenlaser ebenfalls integriert werden soll [96] und beide Prozesse ohne Umjustierungen ermöglicht werden. Im Folgenden wird der Grundaufbau für das Laserschreibsystem in Kombination mit der NMM-1 beschrieben und auf die Eigenschaften der einzelnen Komponenten eingegangen.

5.1 Auswahl und Anordnung der Bauelemente

Für die Durchführung von Laserschreibprozessen mit der Nanopositionier- und Nanomessmaschine wurden zwei Lasersysteme, ein Femtosekundenlaser in nahen Infrarotbereich für Zwei-Photonen-Prozesse und ein blauer Diodenlaser für Ein-Photonen-Prozesse, mit der NMM-1 kombiniert. Die NMM-1 dient dabei als Positioniertisch für die zu bearbeitenden Proben. Zur Umsetzung von Zwei-Photonen-Prozessen wird ein Titan:Saphir-Femtosekundenlaser (*Integral Pro, FEMTOLASERS Produktions GmbH, Wien, Österreich*) mit einer zentralen Wellenlänge von 804 nm [97] so in die NMM-1 eingekoppelt, dass der Laserstrahl durch ein Objektiv in das Positioniervolumen der Maschine fokussiert wird. Die Pulsdauer ist mit $< 10\,\mathrm{fs}$, die spektrale Breite mit $> 100\,\mathrm{nm}$, die Dauerstrichleistung mit $> 150\,\mathrm{mW}$, die Wiederholrate mit 85 MHz, der Strahldurchmesser mit $< 2\,\mathrm{mm}$ und die Beugungsmaßzahl Gaußsche Grundmode (TEM_{00}, TEM *transversalelektromagnetisch*) mit $M^2 < 1{,}3$ bei einem Divergenzwinkel von $< 2\,\mathrm{mrad}$ angegeben [98]. Außerdem wird ein fasergekoppelter blauer Diodenlaser (*Typ 51nanoL-S, Schäfter & Kirchhoff GmbH, Hamburg, Deutschland*) mit einer Wellenlänge von 405 nm zur Beabeitung mittels Ein-Photonen-Prozessen integriert. Die Faserkopplung des blauen Diodenlasers ermöglicht eine unkomplizierte Kombination mit der NMM-1, weshalb im Folgenden zunächst die Einkopplung des freien Femtosekundenlaserstrahls konzipiert wird [99]. Der Strahlengang ist in Abbildung 5.1 schematisch und der Aufbau als dreidimensionale Ansicht in Abbildung 5.2 dargestellt.

Der Femtosekundenlaser und die NMM-1 werden auf einem optischen Tisch angeordnet, wobei der Femtosekundenlaserstrahl über Umlenkelemente in die NMM-1 geführt wird. Zur Drehung der linearen Polarisationsrichtung des Femtosekundenlasers

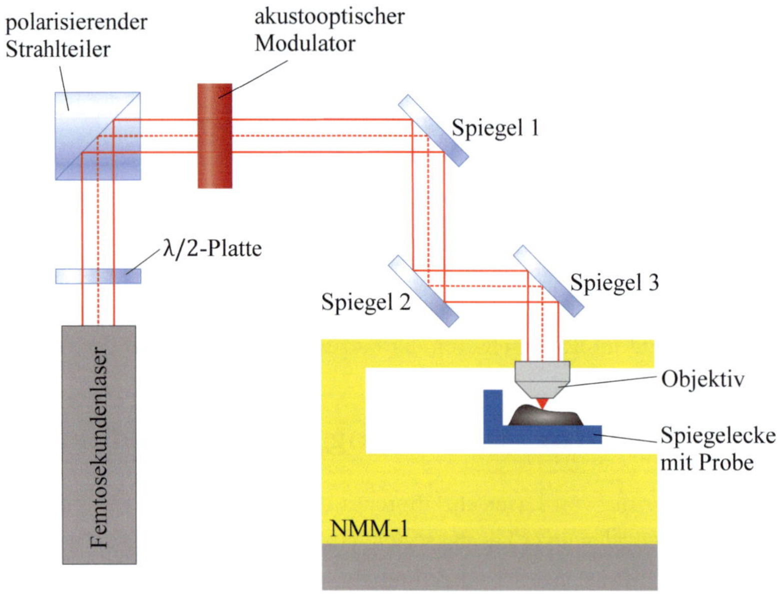

Abbildung 5.1: Konzept des Strahlengangs für die Einkopplung des Femtosekundenlaserstrahls in die NMM-1 zur Realisierung eines Laserschreibsystems (vgl. Text). Abbildung nach [99, 100].

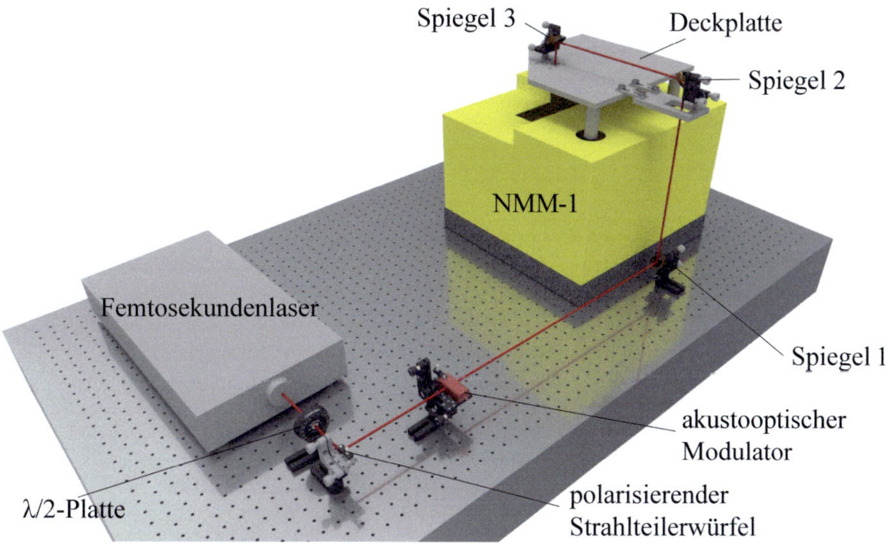

Abbildung 5.2: Dreidimensionale schematische Darstellung des Aufbaus des Laserschreibsystems mit der NMM-1 (vgl. Text). [100].

wurde eine $\lambda/2$-Wellenplatte nullter Ordnung ausgewählt, die für eine Wellenlänge von 808 nm ausgelegt ist (WPH05M-808, *Thorlabs, Newton, NJ, USA*). Ein polarisierender Strahlteilerwürfel (PBS052, *Thorlabs, Newton, NJ, USA*) ermöglicht bei Drehung der Polarisationsrichtung mittels der $\lambda/2$-Wellenplatte eine Einstellung der Strahlintensität. Ein akustooptischer Modulator (AA.MT110-A1,5-IR, *Pegasus Optik GmbH, Wallenhorst, Deutschland*) wurde als schneller Schalter integriert. Hierbei wird die Eigenschaft des akustooptischen Modulators (AOM) ausgenutzt eine schnelle Modulation der ersten Beugungsordnung zu erzeugen. Dieser modulierte Strahl wird dann über drei Spiegel so umgelenkt, dass er in das darunter angeordnete Objektiv gelenkt und somit auf der Probe fokussiert werden kann (vgl. Abbildungen 5.1 und 5.2). Um dies zu realisieren, wurde für die Montage von Spiegel 2 eine Adaption der Deckplatte für die NMM-1 vorgenommen. Die für die Umlenkspiegel verwendeten Spiegelhalterungen (KS1, *Thorlabs, Newton, NJ, USA*) sind in drei Achsen justierbar, sodass eine Strahlkorrektur in allen Freiheitsgraden vorgenommen werden kann.

Für die gleichzeitige Integration des Diodenlasers für Ein-Photonen-Prozesse wurde die Anordnung so gestaltet, dass beide Techniken in einem Aufbau vereint werden (vgl. Abbildung 5.3) [100]. Das in Abbildung 5.1 und Abbildung 5.2 gezeigte Konzept

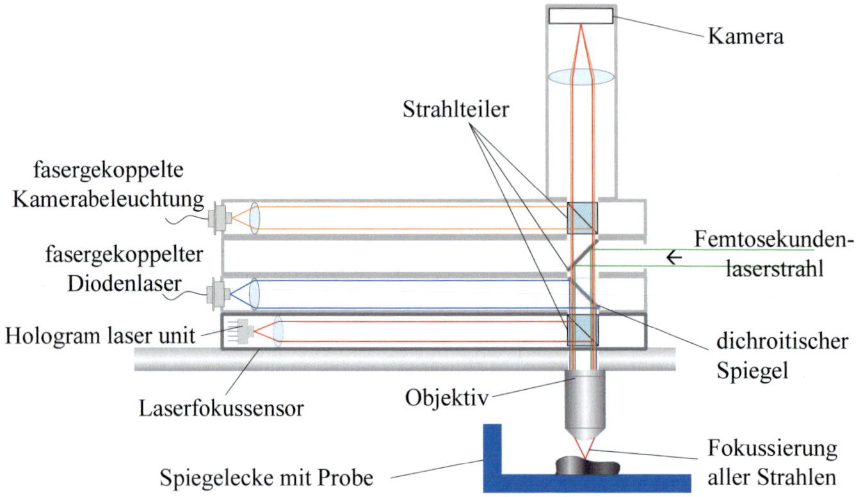

Abbildung 5.3: Anordnung der Elemente auf der Deckplatte der NMM-1 zur Integration des Diodenlasers, des Laserfokussensors, des Femtosekundenlasers sowie der Kamerabeleuchtung und der Kamera (vgl. Text). Abbildung nach [100].

des Strahlengangs des Femtosekundenlasers soll vom Prinzip beibehalten werden. Zusätzlich zu dem Femtosekundenlaser und dem Diodenlaser, die als Schreiblaser für Laserschreibprozesse dienen, wurde der in Abschnitt 4.2.2 vorgestellte Laserfokussensor als Messlaser zur Oberflächendetektion der Proben in den Aufbau integriert. Dieser Laserfokussensor kann simultan mit dem Femtosekundenlaser oder dem Diodenlaser eingesetzt werden. Durch den Laserfokussensor kann die Oberfläche der Probe während der Maschinenbewegung lokalisiert werden. Aus dem Messsignal wird ein Regelsignal für den Probentisch der NMM-1 erzeugt, wodurch die Oberfläche der Probe in einem konstanten Abstand zum Mess- und folglich auch zum Schreiblaser gehalten wird. Der Laserfokussensor bietet als optisches Messsystem beste Voraussetzungen für eine kontaktlose und schnelle Messung. Mit der verwendeten Wellenlänge von 650 nm liegt der Laserstrahl des Sensors in einem Wellenlängenbereich, in dem die konventionellen Photolacke nicht sensitiv sind. Somit kann die Höhe der Probenoberfläche ohne Beeinflussung des Photolacks durch den Laserfokussensor während des Laserschreibens detektiert werden und eine simultane Regelung der Spiegelecke erfolgen. Zur Visualisierung des Laserschreibprozesses und der groben Detektion der Probenoberfläche wird weiterhin eine Kamera in den Aufbau integriert. Über die Kamera können die Probenoberfläche und die Reflexionen der Laserstrahlen an dieser sichtbar gemacht

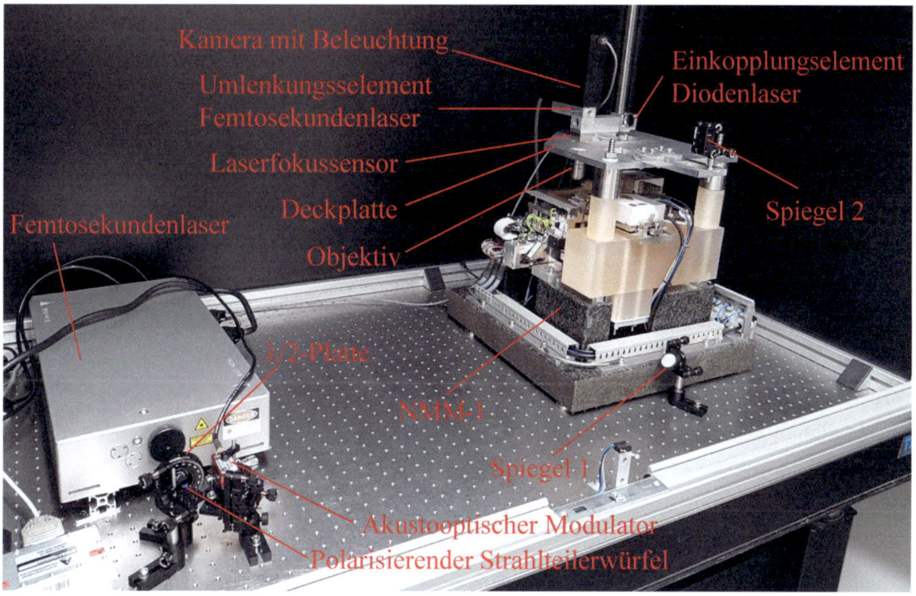

Abbildung 5.4: Foto des Aufbaus des Laserschreibsystems auf Basis der NMM-1. Das „Einkopplungselement Diodenlaser" entspricht dem in Abbildung 5.3 über dem Laserfokussensor dargestellten Element zur Halterung des dichroitischen Spiegels sowie Anbringung der Faser des Diodenlasers. Das „Umlenkungselement Femtosekundenlaser" entspricht dem darüber angeordneten Element, in dem sich die Strahlteilerplatte zur Umlenkung des Femtosekundenlaserstrahls befindet.

werden, sodass die Höhe des Positioniertisches anhand des Kamerabildes voreingestellt werden kann. Eine solche grobe Positionierung der Probenoberfläche zum Fokus des Laserfokussensors ist wegen der Limitierung der Kennlinie auf den Bereich um den Fokus notwendig (vgl. Abschnitt 4.2.2).

Zur Umsetzung dieses Konzepts wird das Objektiv unter der Deckplatte der NMM-1 angeordnet, alle anderen Bauteile befinden sich darüber (vgl. Abbildung 5.3). Unmittelbar auf der Deckplatte wird der Laserfokussensor angeordnet, in welchem der Strahl der Hologram-Laser-Unit kollimiert und anschließend über einen polarisierenden Strahlteiler umgelenkt wird. Danach tritt der Strahl in das Objektiv ein. Auf dem Laserfokussensor ist zunächst das Einkopplungselement für den fasergekoppelten 405 nm Diodenlaser lokalisiert, dessen Strahl kollimiert und über einen dichroitischen Spiegel (DMLP490T, *Thorlabs, Newton, NJ, USA*) in Reflexion zum Objektiv umgelenkt wird. Oberhalb der Einkopplung für den Diodenlaser trifft der Strahl des Femtosekundenlasers in den Aufbau, der bereits von Spiegel 2 (vgl. Abbildung 5.1 und Abbildung 5.2) umgelenkt wurde. Dieser Strahl wird nun durch eine Strahlteilerplatte (BST05, *Thorlabs, Newton, NJ, USA*) zu 70 % reflektiert und passiert die darunter liegenden Elemente bis zum Objektiv. Das Ersetzen von Spiegel 3 aus dem Konzept in Abbildung 5.1 durch die Strahlteilerplatte ist notwendig, um an dem darüberliegenden Kameramodul Licht detektieren zu können. Das Kameramodul besteht aus einer CCD-Kamera und einer Beleuchtung [93], sodass die optische Detektion der Probenoberfläche mit dem Laserfokussensor visuell unterstützt wird. Der kollimierte Strahl der fasergekoppelten Kamerabeleuchtung wird von einem Strahlteiler umgelenkt und passiert die darunterliegenden Optiken. Der dichroitische Spiegel transmittiert alle Wellenlängen ab 505 nm und reflektiert Wellenlängen bis 490 nm. Dadurch werden die blauen Anteile der Beleuchtung herausgefiltert, damit diese den Photolack beim Laserschreiben nicht beeinflussen können. Durch die Wahl der optischen Elemente sind mit Ausnahme des blauen Diodenlaserstrahls alle an der Probe reflektierten Strahlen mit der Kamera zu sehen. Die konstruktive Umsetzung dieses Konzeptes erfolgte im Rahmen einer studentischen Arbeit [101].

5.2 Geschwindigkeitsstabilität der NMM-1

Als Grundlage für einen Laserschreibprozess mit stabiler Belichtungsdosis ist - neben einer konstanten Laserleistung - eine konstante Verfahrgeschwindigkeit des Positioniertisches essentiell. Aus diesem Grund soll die Geschwindigkeitsstabilität der NMM-1 untersucht werden. Dazu wurde der Positioniertisch mittels Steuerbefehl „MoveOnLine" der zugehörigen MATLAB® Toolbox mit konstanter Sollgeschwindigkeit auf einer Linie bewegt.

Die Länge dieser Linie wurde nacheinander von 1 mm bis 14 mm variiert, wobei die zum Nullpunkt des Koordinatensystems definierten Startkoordinaten und die Richtung für alle Linien gleich waren. Die Endkoordinaten ändern sich demnach mit der Länge der Linie. Jede Linie wird sowohl in positiver Richtung (vorwärts) als auch in negativer Richtung (rückwärts) gefahren, um einen potentiellen Richtungseinfluss erfassen zu können. Für den Verfahrweg in negativer Richtung wurde die Endkoordinate der Linie in positiver Richtung gewählt, sodass im Rahmen der Positioniergenauigkeit die gleichen Koordinaten verwendet wurden. Jeder gefahrenen Strecke wird die dabei verstrichene Zeit zugeordnet, um daraus die durchschnittliche Verfahrgeschwindigkeit zu ermitteln. Es soll überprüft werden, ob diese von der in der Software eingestellten Sollgeschwindigkeit abweicht. Dieses Vorgehen wird für Sollgeschwindigkeiten von

$v = 0{,}1\,{}^{\mathrm{mm}}/_{\mathrm{s}}$ bis $v = 1{,}9\,{}^{\mathrm{mm}}/_{\mathrm{s}}$ wiederholt, wobei die Geschwindigkeit in Schritten von $0{,}1\,{}^{\mathrm{mm}}/_{\mathrm{s}}$ erhöht wird.

Die Messwerterfassung und -verarbeitung der NMM-1 findet in dem digitalen Signalprozessor (DSP) der Maschine statt. Der interne Ringspeicher verfügt über ein Speicherkontingent von 786432 Bytes, was bei der Speicherung der drei Interferometerwerte und der drei Tastsystemauslenkungswerte und einer Abtastrate von 6,25 kHz einer Speicherzeit von ungefähr 3,5 s entspricht [90]. Aus diesem Grund werden die Daten aus dem Ringspeicher über eine USB-Schnittstelle an den PC übermittelt, sodass der interne Speicher überschrieben werden kann. Da die Zeitwerte allerdings nicht mitgeschrieben werden, ist eine zeitaufgelöste Messwertverarbeitung für längere Verfahrprozeduren nicht möglich. Für eine detaillierte Beschreibung der Messwerterfassung und -verarbeitung siehe [90].

Um dennoch eine Zuordnung der verstrichenen Zeit auch für die gefahrenen Strecken von mehreren Millimetern Verfahrweg vornehmen zu können, wird die Zeit im Rechner mittels einer zusätzlichen MATLAB®-Routine mitgemessen. Auf diese Weise wurden für alle gefahrenen Distanzen die Zeiten aufgenommen. Anschließend werden die aufgenommenen Zeiten durch Subtraktion der Zeit für den Beschleunigungs- und Abbremsvorgang $t_{\mathrm{acc}} = {}^{v}/_{a}$ korrigiert, um die Zeit der gleichförmigen Bewegung zu

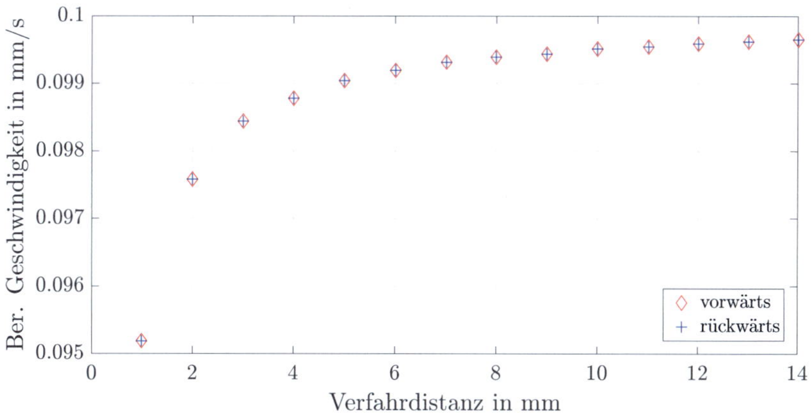

Abbildung 5.5: Berechnete Geschwindigkeiten für die unterschiedlichen Verfahrdistanzen in Vorwärtsrichtung (rote Diamanten) und Rückwärtsrichtung (blaue Plussymbole) bei einer Sollgeschwindigkeit von $0{,}1\,{}^{\mathrm{mm}}/_{\mathrm{s}}$.

erhalten. Die in der Software eingestellte Beschleunigung betrug $a = 5\,\mathrm{mm/s^2}$. Anhand dieser Daten wurden die Geschwindigkeiten v über die Formel $v = s/t$ mit der Verfahrdistanz s und der Zeit t berechnet. Die berechneten Geschwindigkeiten sind beispielhaft für eine Sollgeschwindigkeit von $0{,}1\,\mathrm{mm/s}$ in Abbildung 5.5 dargestellt. Daraus ist ersichtlich, dass die so berechneten Geschwindigkeiten von der Sollgeschwindigkeit abweichen. Ursache dafür sind Zeitverzögerungen, die sich z.B. durch die Zeitaufnahme mit MATLAB® und durch Signalübertragungen ergeben. Um all diese Einflüsse gesammelt zu berücksichtigen, wurden die Daten einer Korrektur unterzogen. Aus dem Weg-Zeit-Diagramm (beispielhaft für eine Sollgeschwindigkeit von $0{,}1\,\mathrm{mm/s}$

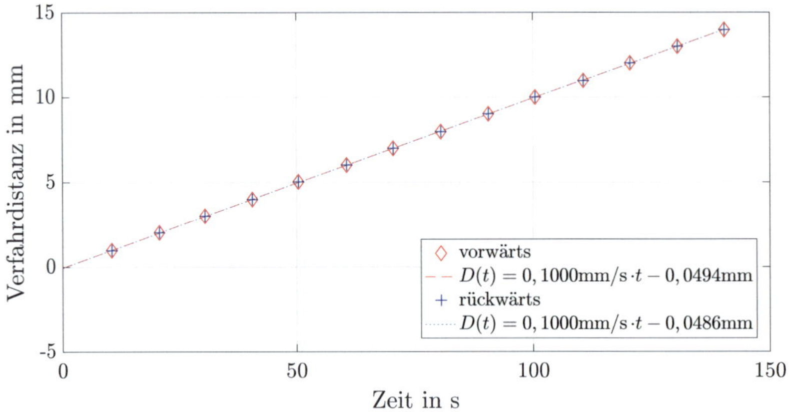

Abbildung 5.6: Verfahrdistanz in Abhängigkeit von der Zeit für eine Sollgeschwindigkeit von $0{,}1\,\mathrm{mm/s}$. Die roten Diamanten zeigen die aufgenommenen Zeitdaten für den Verfahrweg in positiver y-Richtung (vorwärts), die blauen Plussymbole zeigen die aufgenommenen Zeitdaten für den Verfahrweg in negativer y-Richtung (rückwärts). Die strichpunktierten Linien sind die linearen Fits (vgl. Text) für die Vorwärtsrichtung (rot) und die Rückwärtsrichtung (blau).

in Abbildung 5.6 dargestellt), welches sich aus den aufgenommenen Zeiten zu den jeweiligen Distanzen ergibt, kann mit einem linearen Fit der Form

$$s(t) = v_{\mathrm{soll}} \cdot t + s_0 \tag{5.1}$$

der Schnittpunkt s_0 der Fit-Funktion mit der Ordinate zur Zeit $t = 0$ für die Sollgeschwindigkeit v_{soll} ermittelt werden. Da zur Zeit $t = 0$ keine Distanz gefahren wurde, müsste $s_0 = 0$ gelten. Durch die oben genannten Zeitverzögerungen wird s_0 aller-

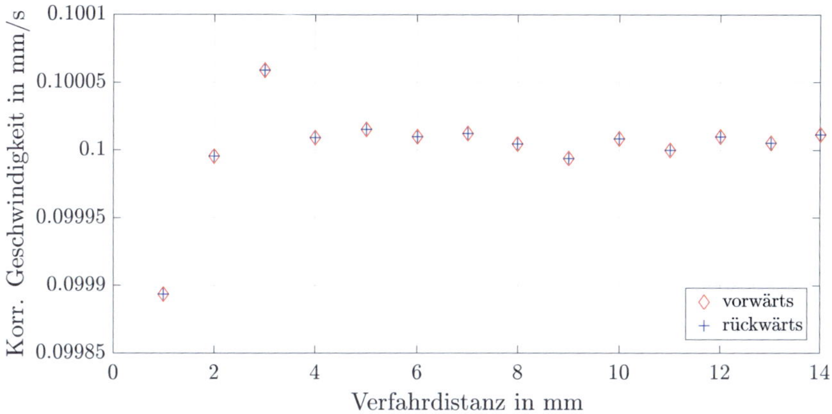

Abbildung 5.7: Korrigierte Geschwindigkeiten für die unterschiedlichen Verfahrdistanzen in Vorwärtsrichtung (rote Diamanten) und Rückwärtsrichtung (blaue Plussymbole) bei einer Sollgeschwindigkeit von 0,1 $^{\mathrm{mm}}/_{\mathrm{s}}$.

dings negativ. Der Korrekturwert für die Zeitverzögerungen t_{korr} ergibt sich durch die Berechnung des Schnittpunkts mit der Abszisse mit

$$t_{\mathrm{korr}} = -\frac{s_0}{v_{\mathrm{soll}}}\,. \tag{5.2}$$

Eine Neuberechnung der Geschwindigkeiten $v = {}^{s}/_{(t-t_{\mathrm{korr}})}$ ergibt die korrigierten Geschwindigkeiten. In Abbildung 5.7 sind die korrigierten Geschwindigkeiten wiederum beispielhaft für eine Sollgeschwindigkeit von 0,1 $^{\mathrm{mm}}/_{\mathrm{s}}$ dargestellt. Es ist ersichtlich, dass die Zeiten für positive (bezeichnet mit „vorwärts“) und negative Bewegungsrichtung (bezeichnet mit „rückwärts“) gut übereinstimmen und diesbezüglich keine weitere Unterscheidung gemacht werden muss.

Für jede Geschwindigkeit wurden die maximale Abweichung von der Sollgeschwindigkeit sowie die Standardabweichung der 28 Messungen mit gleicher Geschwindigkeit bestimmt. Die Ergebnisse der maximalen Abweichung und der Standardabweichung sind in Abbildung 5.8 aufgezeigt. Sowohl die Standardabweichungen als auch der Betrag der maximalen Abweichung steigen mit zunehmender Geschwindigkeit an. Um den Einfluss der Beschleunigungsstrecke bei hohen Sollgeschwindigkeiten zu reduzieren, wurden in Abbildung 5.8 nur Distanzen ab 4 mm berücksichtigt. Weiterhin sei an dieser Stelle bemerkt, dass diese Daten lediglich zur qualitativen Bewertung ausrei-

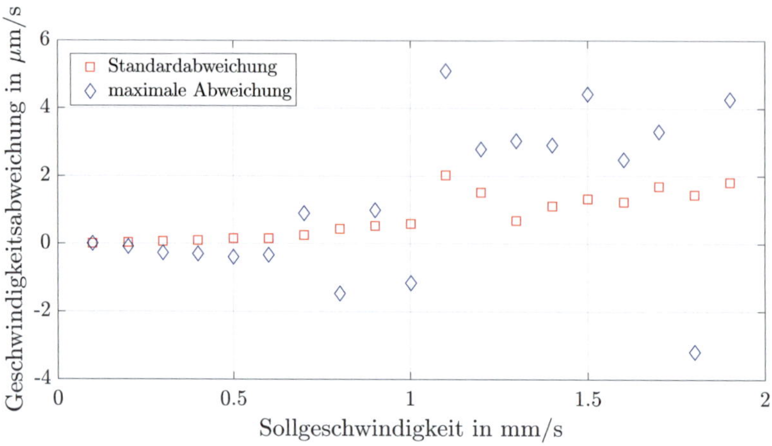

Abbildung 5.8: Standardabweichung (rote Quadrate) und maximale Abweichung (blaue Diamanten) der korrigierten Geschwindigkeiten zu den Sollgeschwindigkeiten.

chen, aufgrund der Zeiterfassung über die MATLAB® und die damit verbundenen notwenigen Korrekturen aber keinesfalls für eine absolute Beurteilung herangezogen werden können. Die maximale Abweichung von 5,1 µm/s bei einer Sollgeschwindigkeit von 1,1 mm/s beträgt etwa 0,5 %. Die Standardabweichung nimmt ebenfalls bei dieser Sollgeschwindigkeit den Maximalwert von 2,0 µm/s an, was einer prozentualen Abweichung von etwa 0,2 % entspricht. Die Geschwindigkeiten für die Untersuchungen zum Laserschreiben sind kleiner als 1,0 mm/s, sodass die Geschwindigkeitsabweichungen mit weniger als 0,1 % vernachlässigbar klein sind.

Neben der Geschwindigkeit hat auch das Positionsrauschen des Probentisches, also die Abweichung der Position von einer Sollposition ohne Verfahrbefehl, einen Einfluss auf die geschriebenen Strukturen. Deshalb wurde über die Auslesung des Ringspeichers eine Analyse der Positionsstabilität vorgenommen, indem für einen Zeitraum von 3 Sekunden die Positionsdaten der x-,y- und z-Interferometer der NMM-1 ausgelesen wurden, während der Positioniertisch an einer Position gehalten wurde. Die Abweichungen Δx, Δy und Δz von den Sollposition x, y und z sind in Abbildung 5.9 dargestellt. Die Rohdaten weisen ein Rauschen mit einer Standardabweichung von $\sigma_{\mathrm{x}} \approx 0{,}7258\,\mathrm{nm}$ für die x-Achse, $\sigma_{\mathrm{y}} \approx 0{,}7178\,\mathrm{nm}$ für die y-Achse und $\sigma_{\mathrm{z}} \approx 0{,}4864\,\mathrm{nm}$ für die z-Achse auf. Nachdem ein gleitender Mittelwertfilter ohne Phasenverschiebung der Länge 50 angewendet wurde, ergeben sich die in Abbildung 5.9 orange dargestellten Positionsab-

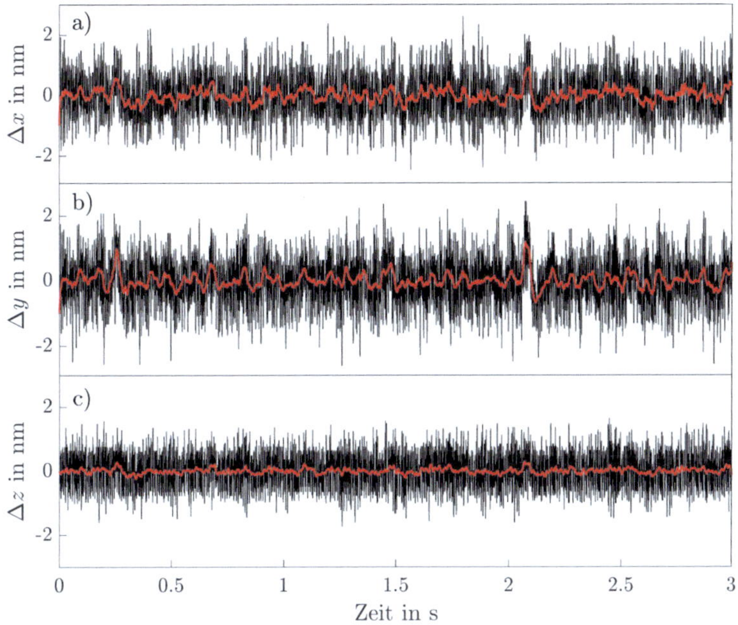

Abbildung 5.9: Positionsrauschen des Positioniertisches der NMM-1 in Abhängigkeit von der Zeit bei Regelung auf eine feste Position als Rohdaten (blau) und mit einem gleitenden Mittelwertfilter ohne Phasenverschiebung der Länge 50 gefilterte Daten (orange) des x-Interferometers (a), y-Interferometers (b) und z-Interferometers (c).

weichungen, die einer Abtastrate von 125 Hz entsprechen. Die Standardabweichungen reduzieren sich für die gefilterten Daten auf $\sigma_{\mathrm{x,Filter}} \approx 0{,}2091\,\mathrm{nm}$, $\sigma_{\mathrm{y,Filter}} \approx 0{,}2337\,\mathrm{nm}$ und $\sigma_{\mathrm{z,Filter}} \approx 0{,}0818\,\mathrm{nm}$. Dieses Positionsrauschen ist so gering, dass es bei einem Laserschreibprozess vermutlich aufgrund der Integration der Belichtung über den Durchmesser des Femtosekundenlaserfokusses nicht als Schlingern der Linien zu erkennen ist. Ein Einfluss auf die Linienrauhigkeit (vgl. Abschnitt 7.1) ist allerdings nicht auszuschließen.

5.3 Der akustooptische Modulator (AOM)

Zum schnellen Schalten des Femtosekundenlaserstrahls wurde ein akustooptischer Modulator verwendet. In diesem optischen Element wird mittels Schallwellen ein optisches Gitter generiert, welches eine Beugung des einfallenden Laserstrahls zur Folge hat. Durch schnelles Ein- und Ausschalten der Schallwellen kann somit die erste Beugungsordnung des Femtosekundenlasers moduliert werden. Weiterhin ermöglicht der akustooptische Modulator eine Variation der Beugungseffizienz, also der Leistung in der ersten Beugungsordnung. Die Beugungseffizienz ist maßgeblich für die Leistung des Laserstrahls im ersten Beugungsmaximum und damit für die Leistung, die für den Laserschreibprozess verwendet wird. Somit kann die Leistung des zum Laserschreibprozess verwendeten Femtosekundenlasers direkt durch die angelegte analoge Spannung des akustooptischen Modulators geändert werden.

5.3.1 Spannungsversorgung und PC-Steuerung des AOMs

Die Steuerung der NMM-1 erfolgt über MATLAB® anhand der eigens für die NMM-1 entwickelten Toolbox. Aus diesem Grund wird auch die Steuerung des als Schalter verwendeten akustooptischen Modulators über MATLAB® ermöglicht, sodass die gleiche Schnittstelle für beide Geräte verwendet werden kann. Durch Anlegen von 5 V am TTL-Eingang (TTL, *Transistor-Transistor-Logik*) kann das Schallwellengitter im AOM mit einer Zeitkonstante von $< 10\,\text{ns}$ eingeschaltet bzw. durch Anlegen von 0 V ausgeschaltet werden [102]. Ein analoger Spannungseingang des AOMs zwischen 0 V und 1 V ermöglicht eine Variation der Beugungseffizienz von 85 % bis 0 % der Eingangsleistung [102]. Da der verwendete digitale Signalprozessor der NMM-1 keine freien analogen Ein- oder Ausgänge hat und die wesentlich erweiterte DSP2-Einheit (*SIOS Meßtechnik GmbH Ilmenau, Deutschland*) leider noch nicht zur Verfügung stand, war eine direkte Steuerung des Modulators über die Maschinenhardware nicht möglich. Als Kompromiss wird deshalb ein Open Source Mikrocontroller ARDUINO® UNO zur Ausgabe der Spannungssignale verwendet. Dieser kann via USB mit dem Computer verbunden und ebenfalls über MATLAB® gesteuert werden. Allerdings kann damit der Femtosekundenlaser bisher nur kurz vor oder nach einem Positionierbefehl ein- bzw. ausgeschaltet werden. Auch eine Ansteuerung der analogen Signale über einen PC waren im Rahmen der Arbeiten nicht realisierbar. Deshalb werden Versorgungsspannung und Analogspannung von einem Labornetzgerät ausgegeben und es erfolgt eine manuelle Einstellung der Analogspannung und damit der Beugungseffizienz. In Zukunft soll ein neuer Signalprozessor mit freien verfügbaren analogen Ausgängen für die komplette Ansteuerung sowohl der TTL- als auch der analogen Signale des akustooptischen Modulators verwendet werden.

5.3.2 Kennlinie des akustooptischen Modulators

Die Belichtungsdosis (vgl. Abschnitt 2) im Photolack kann entweder durch die Variation der Geschwindigkeit des Probentisches und damit der Relativbewegung zwischen Probe und Laserfokus eingestellt werden oder über die analoge Eingangsspannung des akustooptischen Modulators und der damit verbundenen Beugungseffizienz. Um den Zusammenhang zwischen der analogen Spannung und der Laserleistung hinter dem Objektiv zu ermitteln, wurde die Analogspannung des AOMs systematisch im maximalen Spannungsbereich von 0 V bis 1 V in 0,05 V-Schritten variiert und die dazugehörige Leistung hinter dem Objektiv mit einem Leistungsmessgerät (PM-100, *Thorlabs, Newton, NJ, USA*) gemessen (vgl. Abbildung 5.10).

Die Messungen wurden insgesamt zwölfmal durchgeführt, wobei alternierend aufsteigende und absteigende Spannungen eingestellt wurden. Auf diesem Weg sollten Hystereseeffekte gemittelt werden. Es konnten allerdings keine Effekte bezüglich der Richtung der Spannungsvariation erkannt werden. In Abbildung 5.10 sind die ermittelten Leistungen mit den dazugehörigen Standardabweichungen dargestellt. Eine Einstellung der Femtosekundenlaserleistung ist also mit einer Unsicherheit von etwa ±14 % möglich.

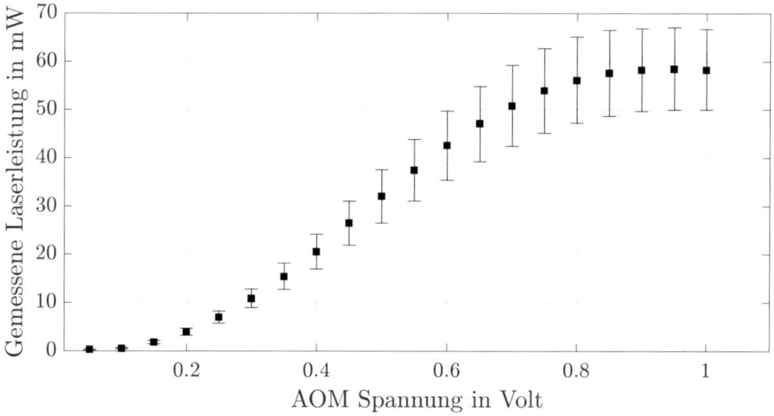

Abbildung 5.10: Hinter dem Objektiv gemessene Laserleistung in Abhängigkeit von der am akustooptischen Modulator angelegten Spannung (vgl. Text). Die Leistungsmessung erfolgte hinter dem Objektiv bei einer Ausgangsleistung des Femtosekundenlasers von 160 mW.

5.4 Charakterisierung des Femtosekundenlasers

Für die Realisierung des Zwei-Photonen-Laserschreibens stand ein Titan:Saphir-Femtosekundenlaser des Modells *INTEGRAL PRO* (*Spectra Physics, Santa Clara, CA, USA*) zur Verfügung. Da bei einer in der Vergangenheit vorgenommenen Reparatur des Femtosekundenlasers die Einstellungen bezüglich der zentralen Wellenlänge und der spektralen Breite vom Hersteller verändert wurden, soll eine Charakterisierung des Femtosekundenlasers vorgenommen werden. Relevante Kenngrößen des Lasers wie Strahlprofil und -durchmesser sowie die zentrale Wellenlänge und die spektrale Breite werden im Folgenden im eingebauten Zustand des Femtosekundenlasers im Gesamtaufbau untersucht.

Zur Charakterisierung des Strahlprofils wurde eine Kamera (iDS UI-1540LE-M-GL, *IDS Imaging Development Systems GmbH, Obersulm, Deutschland*) mit einer Pixelgröße von 5,2 µm [103] hinter dem akustooptischen Modulator im Laserstrahl positioniert. Zur Aufnahme eines Bildes wurde die Intensität des Lasers mit Neutraldichtefiltern (NE60A-B, *Thorlabs, Newton, NJ, USA*) und der Analogspannung des akustooptischen Modulators so weit reduziert, dass eine Überbelichtung der Kamera verhindert wurde. Das so aufgenommene Bild ist in Abbildung 5.11 zu sehen. Aus den Helligkeitswerten der Pixel wurde der Bereich maximaler Intensität $I_{\max}$ ermittelt, der durch den

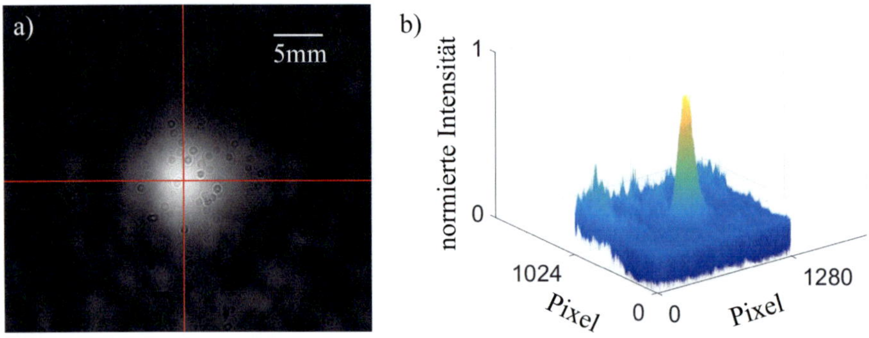

Abbildung 5.11: a) Das aufgenommene Kamerabild zur Bestimmung des Strahlprofils. Die Pixelzeile und die Pixelspalte mit dem maximalen Intensitätswert wurden zur Bestimmung des Strahlprofils verwendet und sind hier rot markiert. Die hellen Flecken sind mit Streulicht, Dreck und Kratzern auf dem Kameradeckglas und Reflexionen an diesem zu begründen. b) Dreidimensionale Darstellung der normierten Intensität.

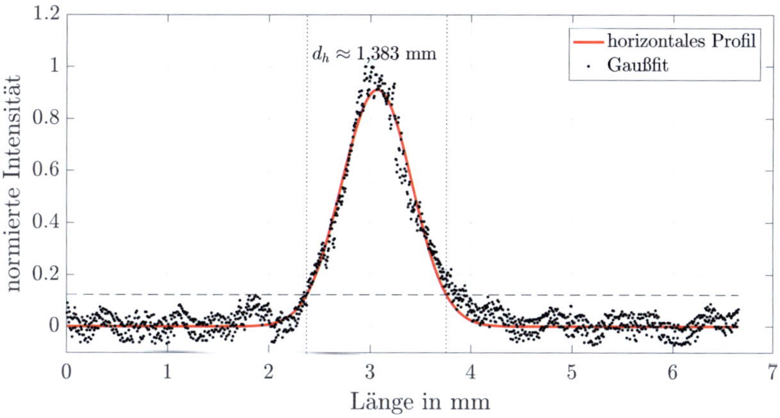

Abbildung 5.12: Normiertes Intensitätsprofil entlang der horizontalen Linie in Abbildung 5.11 mit gaußförmiger Fitfunktion (rot). Der zur Bestimmung des Durchmessers herangezogene Schwellwert $1/e^2 \cdot I/I_{\text{max}}$ ist gestrichelt eingezeichnet. Daraus ergibt sich der Durchmesser $d \approx 1{,}383\,\text{mm}$, welcher durch die senkrechten gepunkteten Linien dargestellt ist.

Schnittpunkt der horizontalen und vertikalen roten Linie gekennzeichnet ist. Entlang der dazugehörenden Pixelzeile und Pixelspalte wurden anschließend die normierten Intensitätsprofile durch die normierten Helligkeitswerte der Kamerapixel dargestellt und mit einer Gaußkurve der Form

$$f(x) = a \cdot \exp\left[-\left(\frac{x-b}{c}\right)^2\right] \tag{5.3}$$

mit den Fitparametern a, b und c angefittet. Die Intensitätsprofile und der zugehörige Fit sind in Abbildung 5.12 für das horizontale Profil und Abbildung 5.13 für das vertikale Profil entlang der in Abbildung 5.11 eingezeichneten roten Achsen dargestellt.

Mit der Definition I_{max}/e^2 ergibt sich der Durchmesser für das horizontale Intensitätsprofil mit $d_{\text{h}} \approx 1{,}383\,\text{mm}$ und für das vertikale Intensitätsprofil mit $d_{\text{v}} \approx 1{,}303\,\text{mm}$. Unter Annahme eines relativ hohen Rauschens der Intensitätswerte und unter Berücksichtigung der Ungenauigkeit der Fitfunktion der mittlere Durchmesser d des als kreisförmigen angenommenen Laserstrahls

$$d = \frac{d_{\text{h}} + d_{\text{v}}}{2} \approx 1{,}343\,\text{mm}\,. \tag{5.4}$$

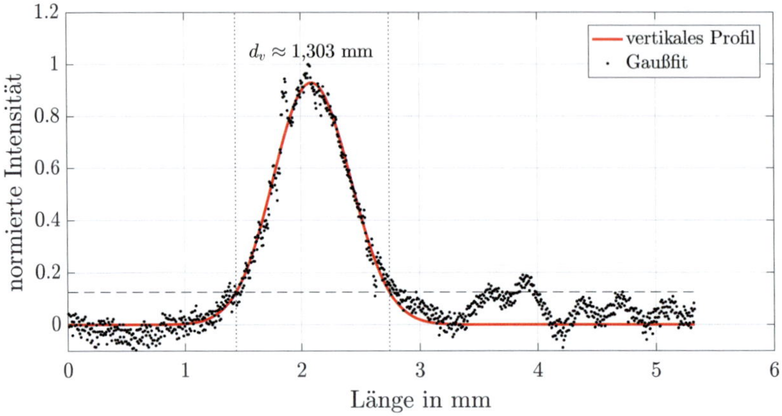

Abbildung 5.13: Normiertes Intensitätsprofil entlang der vertikalen Linie in Abbildung 5.11. Die Darstellung ist analog zu Abbildung 5.12.

Um die Pulsdauer zu bestimmen, wurde die spektrale Breite der emittierten Laserpulse mit einem optischen Spektrumanalysator (AQ6373, *YOKOGAWA Denki K.K., Musashino, Japan*) ermittelt. Dazu wurde der freie Laserstrahl hinter dem akustooptischen Modulator über einen Spiegel in die Eintrittsapertur des Spektrumanalysators justiert. Das aufgenommene Spektrum ist in Abbildung 5.14 zu sehen. Daraus ergibt sich die

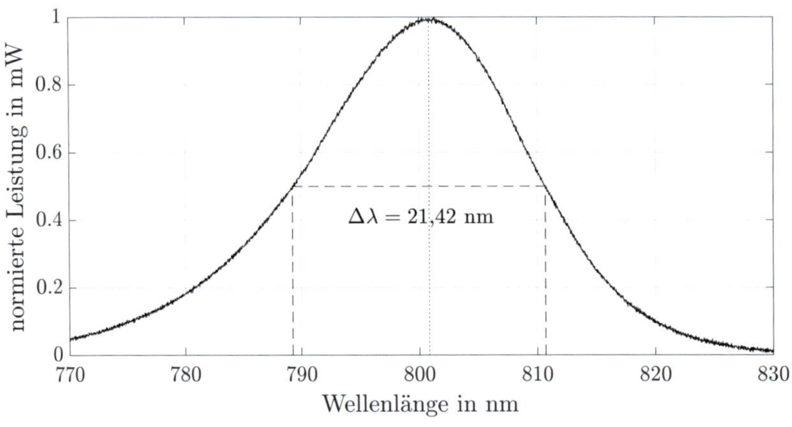

Abbildung 5.14: Normiertes spektrales Profil des Femtosekundenlasers mit der vollen Halbwertsbreite $\Delta\lambda = 21{,}86\,\text{nm}$ (dargestellt durch die gestrichelten Linien) und einer zentralen Wellenlänge von $\lambda_z = 801\,\text{nm}$.

zentrale Wellenlänge des Femtosekungenlasers mit $\lambda_z = 801\,\mathrm{nm}$ und die spektrale Breite nach Bestimmung der vollen Halbwertsbreite des Profils mit $\Delta\lambda = 21{,}86\,\mathrm{nm}$.

Für die Bestimmung der zentralen Wellenlänge wurde das Spektrum in einem schmalen Intervall um den Maximalwert der Leistung durch eine quadratische Fitfunktion angenähert, woraus die Wellenlänge mit maximaler Leistung bestimmt werden kann. Über das Zeit-Bandbreite-Produkt (siehe Gleichung 3.6) kann nun über die bekannte spektrale Breite und die Strahlform die Pulsdauer bestimmt werden. Mit dem Zusammenhang zwischen $c = \lambda \cdot \nu$ zwischen Lichtgeschwindigkeit c, Wellenlänge λ und Frequenz ν [21] und der Konstanten $c_{\mathrm{TBP}} = 0{,}441$ für einen gaußförmigen Puls (vgl. Tabelle 3.1) ergibt sich:

$$\Delta\tau_p \geq c_{\mathrm{TBP}} \cdot \frac{1}{\Delta\lambda} \cdot \frac{\lambda_z^2}{c} = 0{,}441 \cdot \frac{1}{21{,}86\,\mathrm{nm}} \cdot \frac{801\,\mathrm{nm}^2}{299\,792\,458\,{}^{\mathrm{m}}/_{\mathrm{s}}} = 43{,}1\,\mathrm{fs}\,. \tag{5.5}$$

5.5 Axiale Distanz der Fokusebenen von Mess- und Schreibsystem

Die Verwendung des Laserfokussensors zur Detektion der Probenoberfläche hat eine Höhenregelung des Probentisches zur Folge, sodass der Fokuspunkt des Messsystems konstant auf der Probenoberfläche lokalisiert ist. Dies ermöglicht die Vergleichbarkeit der mit direktem Laserschreiben erzeugten Strukturen, da somit auch der Abstand des Fokuspunktes des Schreiblasers zur Photolackoberfläche konstant gehalten wird. Der Nachteil ist, dass aufgrund chromatischer Aberrationen insbesondere im Objektiv die Laserstrahlen des Laserfokussensors und des Femtosekundenlasers in unterschiedlichen Entfernungen zum Objektiv fokussiert werden [12]. Der dadurch entstehende Höhenversatz zwischen den beiden Fokussen hat einen Einfluss auf die Linienbreiten der mittels Femtosekundenlaser in Photolack geschriebenen Linien, wenn der Fokus des Laserfokussensors als Höhenregelung verwendet wird. Um auf den Fokus des Femtosekundenlasers regeln zu können, ist eine Kenntnis dieser Höhendifferenz notwendig. Eine rechnerische Bestimmung ist wegen der vielen unbekannten Variablen zur Strahlcharakteristik des Laserfokussensors nicht möglich, weshalb auf experimentelle Untersuchungen zurückgegriffen wird. Unter Kenntnis der Höhen, an denen der Strahldurchmesser von Laserfokussensor bzw. Femtosekundenlaser minimal wird, kann die Höhendifferenz bestimmt werden. Shimizu et al. haben die im Folgenden beschriebene Methode zur Messung des Fokusdurchmessers eines fokussierten Laserstrahls publiziert [104].

Dabei wird eine Doppeldiode senkrecht zur Ausbreitungsrichtung des Laserstrahls über das Strahlprofil in kleinen Positionsschritten bewegt. In Abhängigkeit von der Position der Diodenkante zum Gesamtstrahl steigt die gemessene Lichtintensität so lange an, bis der gesamte Laserstrahl auf der aktiven Fläche ist. Hier erreicht der Photostrom einen Maximalwert. Dieser laterale Scanvorgang wird für unterschiedliche Höhen und damit unterschiedliche Laserstrahldurchmesser wiederholt. Die normierte Leistung $P(x)$ der Laserstrahlung auf der Photodiode für die Bewegung dieser in x-Richtung unter Annahme eines Gaußstrahls lässt sich mit

$$P(x) = \frac{8}{\pi I_0 d^2} \int_{-\infty}^{x'} \int_{-\inf}^{\infty} I(x,y) dy dx \tag{5.6}$$

berechnen [104]. In Abbildung 5.15 sind die theoretischen Photostromsignale für die

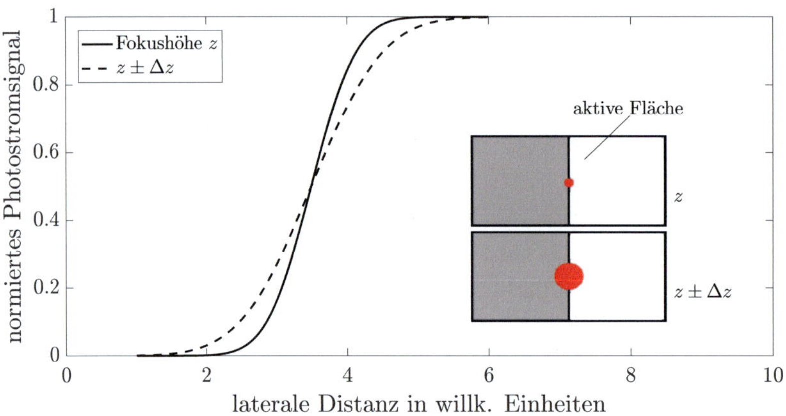

Abbildung 5.15: Schematische Darstellung der normierten Photostromsignale für die Fokushöhe (durchgezogene Linie) und eine um Δz abweichende Höhe (gepunktete Linie).

Fokushöhe z und eine um Δz abweichende Höhe schematisch dargestellt. Befindet sich die Photodiode in der Fokusebene (im Folgenden auch als Fokushöhe bezeichnet), ist der Durchmesser des Laserstrahls minimal. Bei der Bewegung der aktiven Fläche der Photodiode in den Laserstrahl wird der Anstieg der Leistung auf der Photodiode maximal. Weicht die Position der Photodiode hingegen axial um eine Distanz Δz von der Fokushöhe ab, verbreitert sich der Durchmesser des Strahls entsprechend. Folglich muss ein größerer lateraler Bereich mit der Photodiode verfahren werden, um den gesamten Laserstrahl auf der aktiven Fläche zu positionieren und die maximale

Photostromausbeute zu generieren. Der Anstieg der Kurve wird somit flacher als der Anstieg der Kurve in der Fokusebene. Durch Differenzieren der Messkurve können nun direkt das gaußförmige Strahlprofil und der Strahldurchmesser an den jeweiligen axialen Positionen bestimmt werden.

Zur praktischen Umsetzung dieses Konzepts und damit der Bestimmung der realen Fokushöhen des Laserfokussensors und des Femtosekundenlasers wurde eine handelsübliche Quadrantendiode verwendet, welche auf dem Messtisch der NMM-1 platziert wurde. Für die Messung relevant ist nur ein Quadrant der Photodiode. Durch die definierte scharfe Kante zwischen Steg und aktiver Fläche eignet sich Quadrantendiode besser für die oben beschriebene Prozedur als eine einfache Photodiode. Mit Hilfe des Laserfokussensorsignals wurde der Messtisch mit der Photodiode in z-Richtung verfahren, bis die Photodiode einige Mikrometer unterhalb der Fokusebene positioniert war. Die laterale Ausrichtung erfolgte unter Zuhilfenahme des Kamerabilds, sodass sich der Laserstrahl auf dem Steg zwischen zwei aktiven Flächen befand. Anschließend wurde der Messtisch und damit die Photodiode in Richtung des Laserspots verfahren und der Photostrom aufgezeichnet. Dies wurde in unterschiedlichen Höhen wiederholt, sodass ein axialer Bereich um die Fokusebene herum vermessen wurde. Der gesamte Messprozess wurde nacheinander für den Laserfokussensor und den Femtosekundenlaser durchgeführt, wobei die Strahlintensitäten der Lichtquellen jeweils durch Neutraldichtefilter im kollimierten Strahlengang abgeschwächt wurden, sodass die Photodiode gut ausgesteuert wurde. Exemplarisch sind in Abbildung 5.16 die gefitteten normierten Messwerte und in Abbildung 5.17 die gefitteten normierten Ableitungskurven für fünf unterschiedliche z-Koordinatenwerte bei der Vermessung der Fokusebene des Femtosekundenlaserstrahls dargestellt.

Aus den Gaußschen Fitfunktionen der Ableitungen wurden die Durchmesser des Strahls für die entsprechenden Höhenwerte bestimmt. Die Höhen der beiden Fokusebenen ergeben sich aus den Positionen, an welchen der Durchmesser minimal wird. Für eine hochaufgelöste Bestimmung der Höhe wurde für den Laserfokussensorstrahl und den Femtosekundenlaserstrahl jeweils ein Höhenbereich von 25 µm im Abstand von 50 nm aufgenommen. Die dadurch erhalteten Strahldurchmesser beider Laserstrahlen sind in Abhängigkeit von der absoluten z-Koordinate der Höhe der Spiegelecke in Abbildung 5.18 dargestellt. Im Bereich des Kurvenminimums (Abbildung 5.18) wurden die Messwerte mit einer Parabel gefittet, um den minimalen Strahldurchmesser mit dem dazugehörenden Höhenwert zu ermitteln. Es ergibt sich eine Höhendifferenz zwischen den beiden Fokusebenen von etwa 5,8 µm, wobei die Fokusebene des Femtosekunden-

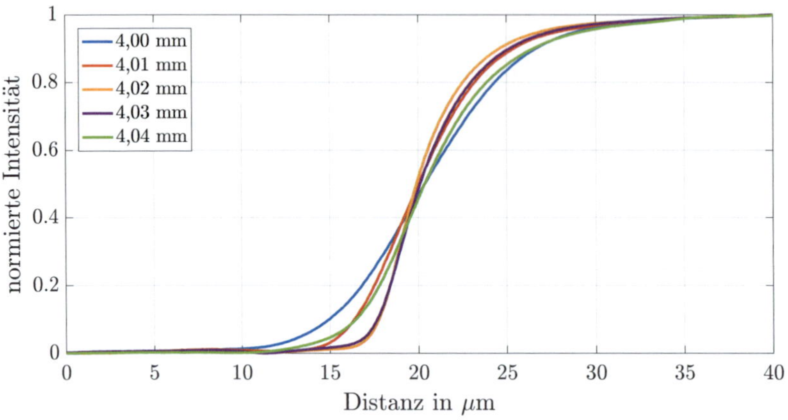

Abbildung 5.16: Exemplarische Darstellung von fünf normierten Messungen des Photostroms in Höhenbereichen unter, in und über der Fokusebene.

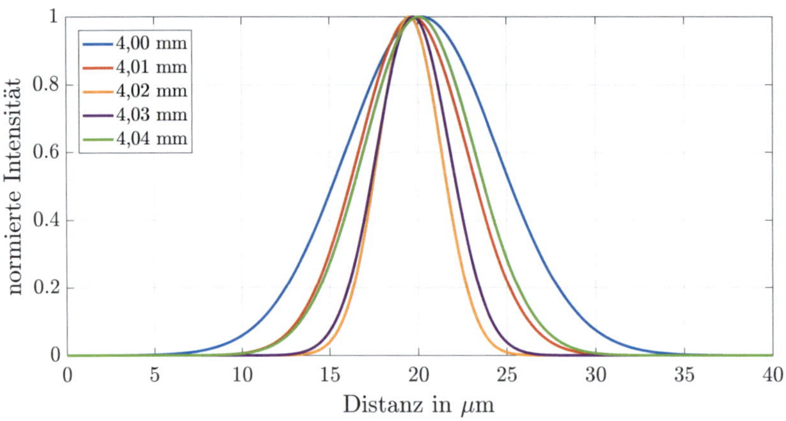

Abbildung 5.17: Exemplarische Darstellung von fünf normierten Ableitung des Photostromsignals in Höhenbereichen unter, in und über der Fokusebene.

lasers unterhalb der Fokusebene des Laserfokussensors liegt. Unsicherheiten sind bei dieser Vorgehensweise beispielsweise in der Auswertung über die Fitfunktionen zu begründen.

Weiterhin wurde die Höhendifferenz durch eine Höhenvariation während des Laserschreibprozesses im verdünnten Photoresist mr-P 1201LIL bestimmt (siehe hierzu

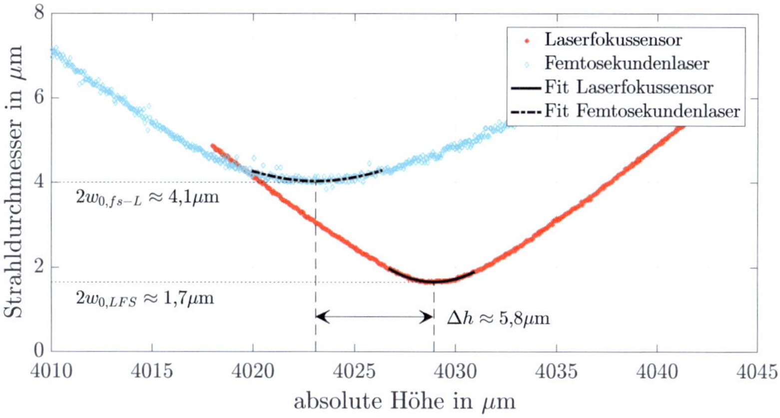

Abbildung 5.18: Mathematisch aus den Messdaten ermittelte Strahldurchmesser in Abhängigkeit von der Höhe und Fitkurven für den Femtosekundenlaser (cyanfarbene Diamanten und strichpunktierte Linie) und für den Laserfokussensor (rote Sternchen und durchgezogene Linie). Die resultierende Höhendifferenz beträgt $\Delta h \approx 5{,}8\,\mu\text{m}$, der Fokusdurchmesser des Laserfokussensors $w_{0,LFS} \approx 1{,}7\,\mu\text{m}$ und der Fokusdurchmesser des Femtosekundenlasers $w_{0,fs-L} \approx 4{,}1\,\mu\text{m}$

Abschnitt 6.1). Aufgrund der dünnen Schichtdicke von nur 16 nm konnten bei einer Oberflächendetektion über den Laserfokussensor keine Linien im Lack geschrieben werden, da der Fokus des Schreiblasers nicht innerhalb der Photolackschicht lag. Es wurden mehrere Linien geschrieben, wobei die Spiegelecke pro Linie um 50 nm nach unten bewegt wurde. Ausgangshöhe war die Fokusebene des Fokussensors. Die Auswertung der geschriebenen Linien mit dem Lichtmikroskop ergab, dass im Bereich von etwa $-5\,\mu\text{m}$ bis $-15\,\mu\text{m}$ Abweichung von der Fokusebene des Fokussensors Linien im Lack zu sehen waren. Die kontrastreichste Linie war bei einem Abstand von etwa $-8\,\mu\text{m}$ zur Fokusebene des Fokussensors zu sehen.

Es ergibt sich damit ein Unterschied von ca. 2,2 µm der beiden Methoden. In Anbetracht der Unsicherheiten der beiden Verfahren können die so ermittelten Werte für die Höhendifferenz zwischen Mess- und Schreibfokusebene als konsistent betrachtet werden. Qualitativ stimmen sie auch mit der Theorie, dass größere Wellenlängen in der Objektivlinse schwächer gebrochen werden, überein. Eine direkte Kompensation dieser Fokushöhendifferenz ist aufgrund des geringen Arbeitsbereichs des Fokussensors von ca. 3 µm (vgl. Abschnitt 4.2.2) nicht möglich. Mangels Alternativen wird der Sensor dennoch zur Höhenregelung bei den folgenden Laserschreibexperimenten verwendet, um den Vorteil der Vergleichbarkeit zu nutzen.

Die Fokusdurchmesser ergeben sich über diese Methode zu 1,7 µm für den Laserfokussensor bzw. 4,1 µm für den Femtosekundenlaser. Diese Werte stimmen insofern mit der Theorie überein, dass der Fokusdurchmesser der kleineren Wellenlänge geringer sein sollte als der Fokusdurchmesser der größeren Wellenlänge. Das verwendete Objektiv „CFI TU Plan EPI ELWD 50x“ (*Nikon, Tokio, Japan*) hat eine Eintrittspupille mit einem Durchmesser von etwa 2,5 mm, eine 50-fache Vergrößerung und eine numerische Apertur von $NA = 0{,}6$. Über den Zusammenhang zwischen Brennweite f und Vergrößerung Γ des Objektivs und der Korrektur des Objektivs auf 200 mm Tubuslänge ergibt sich die Brennweite mit

$$f = \frac{t}{\Gamma} = \frac{200\,\mathrm{mm}}{50} = 4\,\mathrm{mm} \quad (\mathrm{vgl.}[12]). \tag{5.7}$$

Die Transformation eines Gaußstrahls durch eine dünne Linse lässt sich mit den Kogelnikschen Gleichungen beschreiben [105]. Für den Fall, dass die Brennwerte f der Linse mit dem Abstand der Strahltaille des einfallenden Gaußstrahls zur Linse übereinstimmt, ergibt sich der neue Strahltaillenradius im Fokus w_0' mit

$$w_0' = f \cdot \frac{\lambda}{\pi \cdot w_0} \tag{5.8}$$

aus dem Radius der Strahltaille vor der Linse w_0 und der Wellenlänge λ [106]. Unter Annahme eines realen Gaußstrahls mit der Beugungsmaßzahl M^2 und dem Zusammenhang zwischen Durchmesser und Radius der Strahltaille $d = 2 \cdot w_0$ bzw. $d' = 2 \cdot w_0'$, wobei d der Durchmesser vor und d' der Durchmesser hinter der Linse ist, erweitert sich Gleichung 5.8 zu

$$d' = f \cdot \frac{\lambda \cdot M^2}{\pi \cdot d}. \tag{5.9}$$

Für den Femtosekundenlaser ergibt sich unter Anwendung von Gleichung 5.9 ein Fokusdurchmesser von 3,9 µm, was unter Berücksichtigung der getroffenen Annahmen mit dem experimentell bestimmten Fokusdurchmesser von 4,1 µm vereinbar ist.

Wird eine geringere als die theoretisch mögliche Eintrittsapertur verwendet, verringert sich demnach auch die numerische Apertur, die sich mit

$$NA = n \cdot \sin(\alpha) \tag{5.10}$$

berechnet (vgl. Abschnitt 2.1.3.1). Aus Abbildung 5.19 geht hervor, dass der theoretisch mögliche halbe Öffnungswinkel α_{theor} bei einem in Luft mit Brechungsindex $n = 1$ verwendeten Objektivs mit einer Eintrittsapertur d_{theor} größer ist als der halbe Öffnungswinkel α_{eff}, der sich durch die Nutzung einer kleineren Eintrittsapertur d_{eff} ergibt. Der ermittelte Strahldurchmesser des kollimierten Femtosekundenlaserstrahls beträgt etwa 1,343 mm (vgl. Abbildungen 5.12 und 5.13), sodass nur ungefähr die halbe Eintrittsapertur des Objektivs genutzt wird.

Wird nun Gleichung 5.9 mit dem Auflösungsvermögen nach Rayleigh (Gleichung 2.7) als Maß für die Fokussierbarkeit des Laserstrahls gleichgesetzt, kann aus dem experimentell ermittelten Fokusdurchmesser auf die effektive numerische Apertur mit

$$NA_{\text{eff}} = \frac{0,61 \cdot \pi \cdot w_0}{2 \cdot f \cdot M^2} \tag{5.11}$$

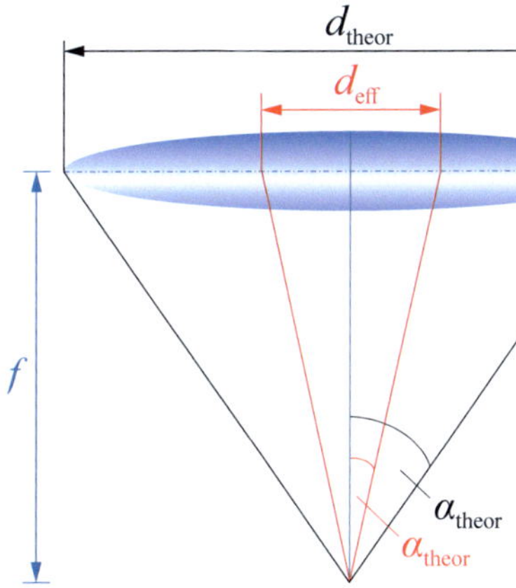

Abbildung 5.19: Theoretische numerische Apertur NA_{theor} eines Objektivs der Brennweite f, die sich bei der vollen Ausleuchtung der Eintrittssapertur d_{theor} und dem halben Öffnungswinkel α_{theor} ergibt (schwarzer Strahlengang). Dazu gegenübergestellt ist die effektive numerische Apertur NA_{eff} des gleichen Objektivs, die sich ergibt, wenn die Eintrittsapertur nur mit einem Strahl des Durchmessers d_{eff} genutzt wird, was einen halben Öffnungswinkel α_{eff} zur Folge hat.

geschlossen werden. Mit der Brennweite $f = 4\,\text{mm}$, der Beugungsmaßzahl $M^2 = 1{,}3$ und dem Strahltaillenradius $w_0 = {}^{1{,}343\,\text{mm}}/_2$ des kollimierten Strahls ergibt sich eine effektive numerische Apertur von $NA_{\text{eff}} \approx 0{,}16$ für den Femtosekundenlaserstrahl bei dem genutzten Objektiv.

Für den Laserfokussensor ergibt sich mit Gleichung 5.9 unter Vernachlässigung der Beugungsmaßzahl ein idealer Fokusdurchmesser von 662 nm. Die effektive numerische Apertur ergibt sich nach Formel 5.11 mit $NA_{\text{eff}} \approx 0{,}6$. Eine Abschätzung des kollimierten Strahldurchmessers des Laserfokussensorstrahls mit Millimeterpapier hat gezeigt, dass der Durchmesser etwa 5 mm beträgt, sodass $w_0 = 2{,}5\,\text{mm}$ für die Berechnungen angenommen wurde. Die Abweichung des experimentell bestimmten Fokusdurchmessers zum theoretisch berechneten Fokusdurchmesser kann in diesem Fall durch die Verwendung einer Laserdiode zur Lichtemission erklärt werden. Laserdioden emittieren neben der TEM_{00}-Mode auch höhere transversalelektromagnetische Moden, wodurch sich die Beugungsmaßzahl M^2 des Strahls vergrößert. Mit Gleichung 5.9 kann mit dem experimentell ermittelten Fokusdurchmesser $w_0' = 1{,}7\,\mu\text{m}$ die Beugungsmaßzahl mit $M^2 = 5{,}1$ berechnet werden.

5.6 Fazit

In diesem Kapitel wurde der Aufbau eines Laserschreibsystems mit der NMM-1 als Positioniertisch beschrieben. Die Kombination der Laserschreibtechnik mit der hochgenauen größflächigen Positionierung eröffnet neue Möglichkeiten im Hinblick auf die Fertigung von Bauteilen und optischen Komponenten mit Millimeterabmessungen, die laut Stand der Technik Elemente im Bereich von 100 nm und weniger enthalten können.

Die Charakterisierung der Komponenten dieses Aufbaus bezog sich auf die Eigenschaften des Femtosekundenlaserstrahls, der hinsichtlich der zentralen Wellenlänge λ_z und der spektralen Breite $\Delta\nu$ respektive der $\Delta\lambda$ für den entsprechenden Wellenlängenbereich sowie der damit zusammenhängenden Pulsdauer $\Delta\tau_p$ untersucht wurde. Die Werte ergaben sich mit $\lambda_z = 801\,\text{nm}$, $\Delta\lambda = 21{,}42\,\text{nm}$ und $\Delta\tau_p = 43{,}1\,\text{fs}$. Die Verwendung des Laserfokussensors stellt sich für diesen Aufbau als sinnvoll heraus, um eine zuverlässige Höhenregelung der Probenoberfläche zum Femtosekundenlaserfokus zu gewährleisten. Die daraus resultierende axiale Distanz zwischen der Fokusebene des Laserfokussensors und des Femtosekundenlasers wurde experimentell ermittelt, ebenso wie die Fokusdurchmesser der Laserstrahlen. In Verbindung mit der Analyse des Strahldurchmessers im kollimierten Zustand konnte für den Femtosekundenlaser eine effektiv genutzte numerische Apertur von $NA = 0,16$ berechnet werden. Diese schwache Fokussierung hat Auswirkungen auf die Linienbreiten während des Laserschreibprozesses und sollte für die Einordnung der Ergebnisse berücksichtigt werden. Das hier beschriebene Laserschreibsystem stellt damit einen sehr grundlegenden Aufbau zur Umsetzung des Zwei-Photonen-Laserschreibens dar, sodass der Stand der Technik bezüglich der Fokussierung und Strahlformung nicht erreicht wird. Schwerpunkt dieser Arbeit ist jedoch auch nicht die Nachahmung des Stands der Technik, sondern das Aufzeigen der Möglichkeiten, die sich durch die Verwendung der NMM-1 als Positioniertisch für diese Technik ergeben. Die durchgeführten Geschwindigkeitsuntersuchungen des Positioniertisches sowie der Leistungsmessungen in Abhängigkeit von der am akustooptioschen Modulator anliegenden Spannung haben ergeben, dass die Variation der Belichtungsdosis über die Geschwindigkeit kleineren Unsicherheiten unterliegt als die Variation über die Beugungseffizienz des akustooptischen Modulators.

6 Methoden und Materialien

Unter dem Oberbegriff Photolack werden unterschiedliche photosensitive Materialien zusammengefasst. Diese Materialien können in Positiv- und Negativresiste sowie Photopolymere klassifiziert werden. Der Begriff „Resist“ ist von der Halbleiterindustrie geprägt und ist gleichbedeutend mit einer Schutzschicht, die nachfolgenden (Ätz-)Prozessen widersteht (engl. *to resist*). In diesem Kapitel wird zunächst auf die Zusammensetzung und Eigenschaften von Photoresisten und Photopolymeren eingegangen sowie die Differenzierung in Positiv- und Negativlacke herausgearbeitet. Anschließend erfolgt die Darstellung der Probenpräparation und des Entwicklungsprozesses. Dabei wird auf bekannte Materialien und Methoden der Lithographie, des Laserschreibens und des Ätzens zurückgegriffen.

6.1 Photolacke

Bei der Klassifizierung von Photoresisten ist die Löslichkeit bezüglich wässriger Lösungen und organischer Lösemittel der entscheidende Faktor. Es wird zwischen Positivresist, dessen Löslichkeit in den belichteten Regionen ansteigt, und Negativresist, dessen Löslichkeit sich in den belichteten Regionen verringert, unterschieden. Photopolymere hingegen bleiben nach der Belichtung vollständig unlöslich in organischen Lösemitteln [107].

Die bekanntesten Photoresiste sind Novolake (fälschlicherweise oft als Novolacke bezeichnet), deren photosensitives Verhalten durch Zugabe von Additiven bestimmt wird. In Kombination mit Diazonaphthaquinon kann beispielsweise ein Positivresist hergestellt werden [108], durch Zugabe von Phenylazid hingegen wird das Verhalten eines Negativresists hervorgerufen [109]. Bei Positivresisten werden Quervernetzungen im Lack durch die Belichtung aufgebrochen, wodurch sich die Löslichkeit erhöht. In diesem Fall werden die belichteten Bereiche während des Entwicklungsprozesses weggespült und die unbelichteten Bereiche verbleiben auf dem Substrat. Das Resultat ist eine strukturierte Lackschicht, welche als Ätzmaske verwendet werden kann. Bei Negativresisten hingegen wird der Grad der Quervernetzung im Material durch die

Belichtung erhöht, sodass der Resist unempfindlicher gegenüber Lösemitteln wird. Diese Regionen verbleiben dann nach dem Entwicklungsprozess auf dem Substrat.

Photopolymere weisen zumeist das Verhalten von Negativlacken auf [110] und bestehen aus schwach vernetzten Polymeren bzw. Monomeren und Photoinitiatoren, welche durch Lichteinwirkung stark vernetzte Polymere generieren. Die Photoinitiatoren absorbieren die eingebrachte Strahlungsenergie und erzeugen dadurch reaktive Spezies, welche den jeweiligen Reaktionsmechanismus einleiten [60]. Je nach Material kann der zugrunde liegende chemische Reaktionsmechanismus eine kationische oder radikalische Polymerisationsreaktion sein [2, 60, 107, 111]. Neben Photopolymeren auf Epoxidharz-Basis wurden sogenannte ORMOCER®e (ORMOCER® engl. *organically modified ceramics*) als Hybridpolymere entwickelt. Diese Hybridmaterialien aus anorganischen Materialien mit organischen Polymeren sind hochviskose Flüssigkeiten und können ohne Lösemittel prozessiert werden [107].

Im Rahmen dieser Arbeit wurde sowohl mit den Positivphotoresisten AZ1505 (MicroChemicals GmbH, *Ulm, Deutschland*) und mr-P 1201LIL (micro resist technology GmbH, *Berlin, Deutschland*) als auch mit dem Hybridpolymer OrmoComp (micro resist technology GmbH, *Berlin, Deutschland*) gearbeitet.

6.2 Probenpräparation

Als Substrat werden je nach Verwendungszweck Mikroskopie-Deckgläser aus Borosilikatglas oder n-dotierte Siliziumwafer verwendet. Die Reinigung zuerst mit Aceton und dann mit Isopropanol für jeweils 5 Minuten im Ultraschallbad. Anschließend werden die Substrate mit deionisiertem Wasser abgespült und im Stickstoffstrom getrocknet. Um eine möglichst wasserfreie Oberfläche zu gewährleisten, werden die so gereinigten Substrate bei 100 °C für mindestens 20 Minuten ausgeheizt, bevor sie weiter prozessiert werden. Zur verbesserten Adhäsion des Lackes an der Substratoberfläche kann ein Haftvermittler verwendet werden. Für die in dieser Arbeit verwendeten Photolacke wird entweder Hexamethyldisilizan[7] (HMDS, MicroChemicals GmbH, *Ulm, Deutschland*) oder OrmoPrime (micro resist technology GmbH, *Berlin, Deutschland*) [113] verwendet. HMDS wird als Standardprozess in der Lithographie durch Verdampfen als Monolage aufgetragen [2, 114], Ormoprime kann durch Schleuderbeschichtung für 60 Sekunden bei 4000 Umdrehungen pro Minute und anschließendem Heizen für 5 Minuten bei 150 °C auf das Substrat aufgebracht werden [113]. Die in den Datenblät-

[7]Synonym auch unter der Bezeichnung Hexamethyldisilazan zu finden [112].

tern der entsprechenden Photolacke beschriebenen Beschichtungsparameter und die resultierenden Schichtdicken sind in Tabelle 6.1 dargestellt [115–117].

Tabelle 6.1: Parameter für die Probenherstellung mit Haftvermittler, Schleuderbeschichtung, Post-Bake (PB), Post-Exposure Bake (PEB) und Entwicklung der verwendeten Photolacke und den resultieren Schichtdicken laut Herstellerangaben.

	AZ1505	**mr-P 1201LIL**	**OrmoComp**
Haftvermittler	HMDS	HMDS	OrmoPrime
Beschichtung	60 s @ 4000 1/min	30 s @ 3000 1/min	30 s @ 3000 1/min
PB	1 min @ 115 °C	1 min @ 105 °C	2 min @ 80 °C
PEB			10 min @ 130 °C
Entwicklung	30 s in AZ 1:1 Developer	60 s in mr-D_347S	60 s in OrmoDev
Schichtdicke	500 nm	100 nm (original) 16 nm (verdünnt)[8]	20 µm

Einzig die Schichtdicke für den verdünnten mr-P 1201LIL wurde selbst vermessen (siehe Abschnitt 6.3). Der sogenannte Post-Bake (PB) ist eine Temperaturbehandlung unmittelbar nach der Schleuderbeschichtung, der Post-Exposure-Bake (PEB) bezeichnet eine Temperaturbehandlung nach der Belichtung, aber vor dem Entwickeln. Bei den Entwicklerlösungen zum Entfernen der höher löslichen Bereiche nach der Laserstrukturierung handelt es sich um die von den jeweiligen Lackherstellern vertriebenen Produkte.

6.3 Verdünnen des mr-P1201LIL

Der Photoresist mr-P 1201LIL wurde für die Verwendung zur Mix-and-Match Lithographie (siehe Abschnitt 7.4) verdünnt, um den Schichtdickenanforderungen für die

[8]Zur Bestimmung dieser Schichtdicke wurde eine eigene Messung durchgeführt (vgl. Abschnitt 6.3).

Rastersondenlithographie zu entsprechen [118]. Der Photoresist wurde im Verhältnis von 1:3 (Photoresist zu Verdünner) mit dem vom Hersteller empfohlenen Verdünner ma-T 1050 (micro resist technology GmbH, *Berlin, Deutschland*) gemischt. Zur Bestimmung der Schichtdicke des verdünnten Photoresists muss die Höhendifferenz zwischen Substrat mit Photolack und purem Substrat ermittelt werden. Dazu wurde der verdünnte Photoresist entsprechend der in Tabelle 6.1 aufgeführten Parameter per Schleuderbeschichtung auf ein gereinigtes Substrat, in diesem Fall Silizium (siehe Abschnitt 6.2), aufgetragen. Anschließend wurde der Photoresist mit dem in Kapitel 5 beschriebenen Laserschreibsystem belichtet und entwickelt, sodass der Lack an den belichteten Regionen weggespült wurde. Mit einem Atomkraftmikroskop (AFM, engl. *atomic force microscope*) wurde ein Bereich mit belichteter und unbelichteter Region vermessen, sodass ein Höhenprofil zwischen Lackoberfläche und Substratoberfläche dargestellt werden konnte. Der Auschnitt der AFM-Messung und das gemessene Höhenprofil sind in Abbildung 6.1 gezeigt. Die Höhenwerte für die Substratoberfläche und die Höhenwerte der Lackoberfläche wurden jeweils gemittelt, woraus sich eine Höhendifferenz Δh und damit eine Lackdicke von 16 nm ergibt.

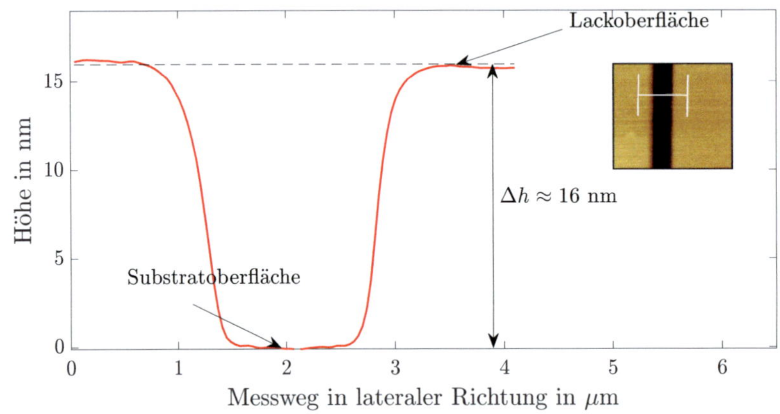

Abbildung 6.1: Darstellung eines 10×10 µm Ausschnittes des mittels AFM gemessenen Bereiches und das daraus resultierende Höhenprofil (rote Linie) des verdünnten mr-P1201 LIL, gemittelt über 100 Pixel (im AFM-Bild weiß markiert). Die gestrichelte Linie ergibt sich durch die Mittelwerte des oberen Bereiches im Höhenprofil, was der Lackoberfläche entspricht. Der untere Bereich des Höhenprofils stellt die Substratoberfläche dar. Die approximierte Höhendifferenz Δh ist 16 nm.

6.4 Übertragung von Strukturen im Photolack in Silizium durch Ätzen

Eine Anwendungsmöglichkeit des mittels Laserschreiben und Entwicklung strukturierten Photolacks ist die Verwendung als Maske bei dem Transfer der Strukturen durch Ätzprozesse (vergleiche Abbildung 2.4).
Ein bewährtes Ätzverfahren ist das reaktive Ionenätzen, welches allerdings ein sehr isotropes Ätzergebnis zur Folge hat. Isotrop bedeutet, dass der Ätzprozess in alle Raumrichtungen gleich verläuft, was Unterätzungen der Ätzmaske zur Folge hat. Eine Erweiterung dieses Prinzips zum kryogenen Ätzen, also dem Ätzen bei tiefen Temperaturen, bietet die Möglichkeit für hochgradig anisotropes Ätzen, was einem Ätzprozess in nur einer Richtung entspricht. Die Ätzgräben entsprechen damit idealisiert der Linienbreite im Lack und ändern ihre Breite nicht mit der Ätztiefe. Somit kann von einem strukturerhaltenden Ätzprozess gesprochen werden. Im Folgenden wird kurz auf die Reaktionsgrundlage des fluorbasierten reaktiven Ionenätzens für den Strukturtransfer in Silizium eingegangen, bevor der präferierte Prozess des kryogenen Ätzens beschrieben wird. Die in dieser Arbeit gezeigten Ätzprozesse wurden mit einer PlasmaPro 100 Cobra ICP Ätzanlage von Oxford Instruments (*Abingdon, Vereinigtes Königreich*) durchgeführt.

6.4.1 Reaktives Ionenätzen

Der Transfer von Strukturen vom Photolack in das als Substrat verwendete Silizium kann durch reaktives Ionenätzen mit fluorhaltigem Plasma realisiert werden [119]. Die spontane Reaktion von Fluoratomen mit Silizium und dessen Verbindungen wurde auch ohne unterstützendes physikalisches Ätzen mittels Ionenbeschuss beobachtet [120]. Wird SF_6 (Schwefelhexafluorid) als Ätzgas verwendet, kommt es zur Adsorption und damit der Bildung einer Fluorschicht auf der Siliziumoberfläche [121]. Das Silizium reagiert mit dem Fluor und die ebenfalls adsorbierten Reaktionsprodukte verflüchtigen sich anschließend in die Gasphase [122].

6.4.2 Kryogenes Ätzen mit Passivierungsschicht

Seit der ersten Realisierung und Beschreibung von reaktiven Ionenätzen bei kryogenen Temperaturen im Jahr 1987 [123] wurde dieser Ätzprozess in diversen Studien untersucht. Die Kombination aus dem Standardprozess für reaktives Ionenätzen mit den kryogenen Temperaturen begünstigt die Bildung einer Passivierungsschicht. Diese wird durch Reaktionsprodukte gebildet, die an der Oberfläche des Siliziums haften bleiben [124]. Aufgrund der hohen Reaktionswahrscheinlichkeit von Fluor mit Silizium im Vergleich zu der von anderen Halogenen wird der plasmabasierte Ätzprozess [119, 125] zumeist mit einer Gasmischung aus SF_6 und O_2 (Sauerstoff) durchgeführt [126]. Die Beimischung des Sauerstoffgases zum eigentlichen Ätzgas Schwefelhexafluorid sorgt bei Prozesstemperaturem im kryogenen Bereich für ein anisotropes Ätzergebnis. Für Temperaturen unter $-100\,°C$ gilt die Rekombination von Silizium, Sauerstoff und Fluor zu SiO_xF_y-Molekülen als bevorzugt ablaufender Prozess. Gemäß der Arrhenius-Gleichung für die Aktivierungsenergie sinkt die Verdunstungsrate der SiO_xF_y-Halogenverbindungen mit der Temperatur [124]. Dadurch kann sich bei diesen Temperaturen eine Passivierungsschicht aus SiO_xF_y-Verbindungen an den Siliziumoberflächen ablagern. Obwohl für diesen Prozess kryogene Temperaturen erforderlich sind, ist der Temperaturbereich nach unten begrenzt. Grund dafür ist die Kondensation von Si_2F_6 am Silizium, was das fluorbasierte Ätzen ab Temperaturen unter $-196\,°C$ verhindert [127]. Der Temperaturbereich für kryogenes Ätzen liegt daher im Bereich von $-100\,°C$ bis $-140\,°C$ [128].

Eine schematische Darstellung des Prinzips von kryogenem Ätzen mit SF_6 und Seitenwandpassivierung mittels O_2 ist in Abbildung 6.2 zu finden. In dem für den Prozess geeigneten Temperaturbereich wird die Passivierungsschicht sowohl an den Seitenwänden als auch am Boden der Ätzgräben ausgebildet und dient als Ätzsperre [129]. Für ein anisotropes Ätzergebnis muss die Ätzsperre am Boden der geätzten Gräben zerstört werden, wohingegen die Seitenwandpassivierung durch die Ätzsperre beibehalten werden soll. Aus diesem Grund wird unterstützend zum chemischen reaktiven Ionenätzen ein physikalischer Ätzprozess induziert. Dafür wird ein Potential φ angelegt, welches die im Plasma gebildeten Ionen zur Probe hin beschleunigt [125]. Die gerichtete Bewegung der Ionen bewirkt einen streifenden Einfall dieser an den Seitenwänden, der nahezu keinen Einfluss auf die dort ausgebildete Passivierungsschicht hat. Im Gegensatz dazu treffen die Ionen annähernd senkrecht auf den Boden der Gräben auf und übertragen somit einen Großteil ihrer Energie in die Passivierungsschicht, wodurch diese abgetragen wird. Folglich ist die als Ätzsperre dienende Schicht beseitigt. Das Fluor kann nun mit dem Silizium zu flüchtigen SiF_4-Molekülen reagieren.

Das Ätzen und das Passivieren geschieht in einem kontinuierlichen Prozess und ist durch die hauptsächlich vertikale Richtung des Ionenbeschusses definiert, was ein hochgradig anisotropes Ätzprofil zur Folge hat [123–126]. Ein weiterer Vorteil des kryogenen Ätzens mit sauerstoffinduzierter Seitenwandpassivierung ist die Verflüchtigung

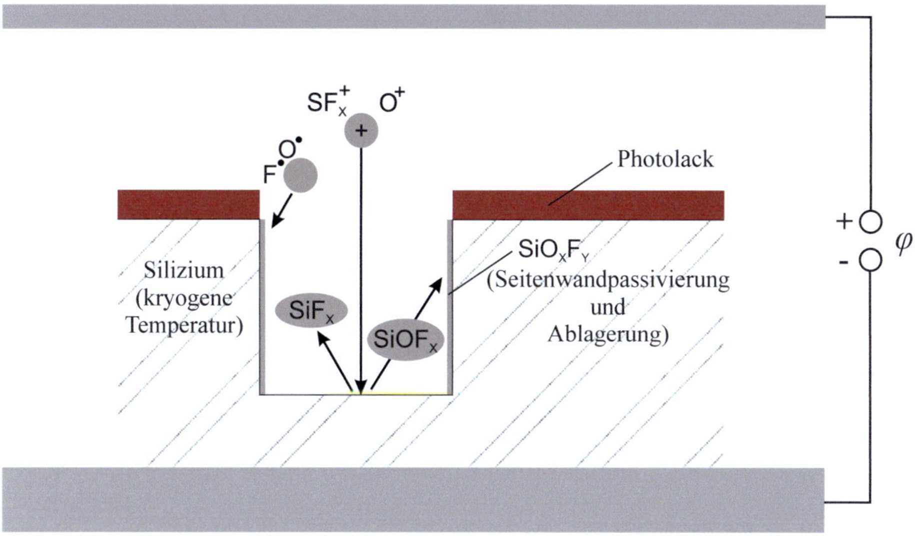

Abbildung 6.2: Schematische Beschreibung des Grundprinzips von SF_6-basiertem Ätzen bei kryogenen Temperaturen unter Zugabe von O_2 für die Bildung einer Passivierungsschicht an den Seitenwänden der Ätzgräben. Die Indizes X und Y stehen für variable stöchiometrische Verhältnisse, wobei diese bei den einzelnen Reaktanten nicht zwangsläufig identisch sein müssen. Die im Plasma gebildeten Ionen werden durch das angelegte Potential φ zur Probe hin beschleunigt. Abbildung nach [126].

der SiO_xF_y-Verbindung beim Aufheizen der Probe auf Raumtemperatur. Dadurch sind im Gegensatz zu alternierenden Ätz- und Passivierungszyklen glatte Seitenwände möglich und der Ätzprozess wird nicht von Ablagerungen des Passivierungszyklus in der Ätzkammer beeinflusst.

6.4.3 Einfluss des Sauerstoffs und der Temperatur auf die Anisotropie des Ätzverfahrens

Um die Vorteile des kryogenen Ätzens mit sauerstoffinduzierter Passivierungsschicht gegenüber dem Ätzen bei Raumtemperatur herauszustellen, wurde eine Versuchsreihe mit unterschiedlichen Ätzparametern durchgeführt [130]. Hierbei wurde aufgrund der Parameterkontrolle entweder die Prozesstemperatur oder die Zugabe von Sauerstoff geändert. Die verwendeten Proben wurden mit AZ1505 Photolack auf ein Substrat aus Silizium anhand der in Abschnitt 6.2 genannten Parameter hergestellt. Der Ätzprozess greift primär das Silizium an, allerdings wird auch ein Teil des Photolacks durch den

Ätzprozess abgetragen, sodass dieser bei ausreichend langen Ätzzeiten vollständig weggeätzt werden kann. Der Photolack AZ1505 wurde wegen der vergleichsweise großen Schichtdicke für die Ätzversuche ausgewählt, da somit längere Ätzzeiten und damit größere Ätztiefen eingestellt werden können. Der aufgetragene Photolack wurde mit einem Skalpell selektiv entfernt und die Probe anschließend entwickelt. Der Entwicklungsprozess hat an dieser Stelle keine lithographische Relevanz, sondern dient lediglich der Vergleichbarkeit mit den durch Laserschreiben hergestellten Proben. Anschließend wurden die Proben einem Ätzprozess unterzogen, wobei der Druck in der Ätzkammer 5 mTorr[9], das Gleichspannungspotential zwischen der über dem Plasma lokalisierten Elektrode und Probe 70 V und die Leistung 11 W betrugen. Der Ätzprozess wurde für eine Dauer von 10 Minuten durchgeführt. Die erste Probe wurde mit einem Rezept für kryogenes Ätzen bei −120 °C mit 10 sccm SF_6 und 2 sccm O_2 behandelt. Die zweite Probe wurde mit 10 sccm SF_6 und 2 sccm O_2 bei 20 °C geätzt. Zuletzt wurde die dritte Probe bei −120 °C geätzt, wobei 10 sccm SF_6, aber 0 sccm O_2 in die Kammer eingeleitet wurde. Die drei unterschiedlich geätzten Proben wurden mit einem Rastereletronenmikroskop (REM) begutachtet (vgl. Abbildung 6.3). Der Vergleich der REM-Bilder der drei mit unterschiedlichen Parametern geätzten Proben zeigt den

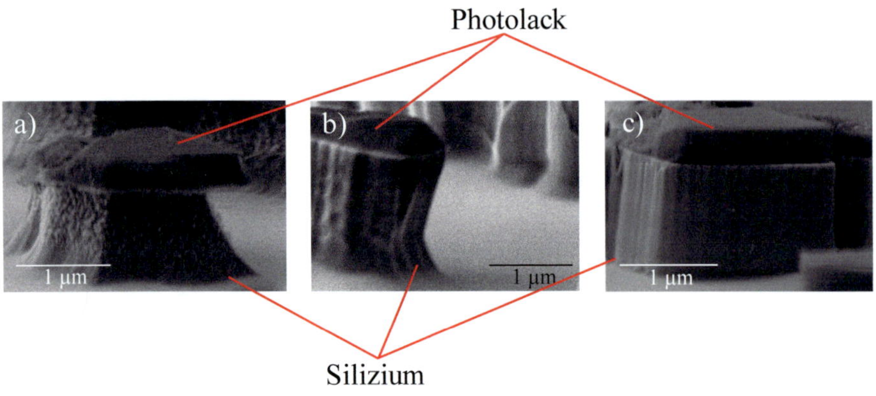

Abbildung 6.3: Vergleich der Ergebnisse der unterschiedlichen Ätzprozesse. Die Ätzzeit betrug bei allen Proben 10 Minuten.
a) Ätzprozess bei 20 °C mit 10 sccm SF_6 und 2 sccm O_2
b) Ätzprozess bei −120 °C mit 10 sccm SF_6 und 0 sccm O_2
c) Ätzprozess bei −120 °C mit 10 sccm SF_6 und 2 sccm O_2.

[9] Aufgrund der Konvention werden im Kontext des kryogenen Ätzens die gängigen Einheiten gegenüber den SI-Einheiten bevorzugt.

Vorteil von kryogenem Ätzen deutlich auf. In Abbildung 6.3a) ist das Ätzergebnis für das Ätzen bei Raumtemperatur gezeigt. Es sind deutliche Unterätzungen unter der Lackschicht zu erkennen, sodass der Lack an den Ätzgräben über das Silizium hervorragt. Weiterhin verlief der Ätzprozess isotrop, was am abgerundeten Ätzprofil der Seitenwand ersichtlich ist. Trotz Zugabe von Sauerstoff hat sich bei dieser Probe wie erwartet keine Seitenwandpassivierung ausgebildet. In Abbildung 6.3b) handelt es sich um das Ätzergebnis des Prozesses bei kryogener Temperatur, aber ohne Zugabe von Sauerstoff zum Ätzgas. Die Unterätzungen sind nicht mehr derart stark ausgeprägt wie in Abbildung 6.3a). Dennoch ist das isotrope Ätzprofil durch Abrundungen insbesondere an den unteren Bereichen des Ätzgrabens festzustellen. Der kryogene Ätzprozess mit Sauerstoff führt wie erwartet zu dem in Abbildung 6.3c) dargestellten auffällig anisotropen Ätzergebnis ohne Unterätzungen des Photolacks. Die Ätzprofile verlaufen in vertikaler Richtung und ohne Abrundungen.

7 Experimentelle Untersuchungen und Ergebnisse

In diesem Kapitel werden die experimentellen Untersuchungen zum Laserschreiben dargestellt und diskutiert. Zunächst werden Prozesse nach Abbildung 2.4a zur Belichtung von Gräben in einem Positiv-Photolack durchgeführt. Von Interesse ist dabei die Abhängigkeit der Linienbreiten von der Belichtungsdosis. Unter Kenntnis dieser Parameter wird der große Positionierbereich genutzt, um Bereiche mit Millimeterabmessungen mittels Laserschreiben zu strukturieren [100]. Außerdem ist der minimale Abstand, der zwischen zwei geschriebenen Linien möglich ist, Bestandteil der Untersuchungen. Die erfolgreiche Strukturierung von Positiv-Photolacken wird in Kombination mit Rastersondenlithographie (FE-SPL, engl. *Field Emission Scanning Probe Lithography*) in einer sogenannten Mix-and-Match Lithographie zur Herstellung von Stempelvorlagen für UV-Nanoprägelithographie (UV-NIL, engl. Nanoimprint Lithography) konzipiert und umgesetzt [131, 132]. Zudem wird die Möglichkeit der dreidimensionalen Strukturierung von Negativ-Photolacken (vgl. Abbildung 2.4b) getestet.

7.1 Belichtungsdosis und Linienbreiten

Um grundlegende Prozesse mittels Laserschreiben durchführen zu können, ist eine Untersuchung des Photolacks hinsichtlich der Dosisabhängigkeit bei Zwei-Photonen-Prozessen erforderlich. Dazu wurden Glassubstrate nach den in Abschnitt 6.1 genannten Parametern mit dem Photoresist AZ1505 (MicroChemicals GmbH, *Ulm, Deutschland*) beschichtet. Die Belichtungsdosis kann entweder über die Laserleistung oder über die Verfahrgeschwindigkeit des Probentisches, welche reziprok mit der Belichtungszeit zusammenhängt, eingestellt werden. Zur Bestimmung der Einflüsse beider Parameter wurden jeweils 20 Linien mit gleicher Geschwindigkeit, aber absteigender Laserleistung geschrieben. Die Einstellung der Laserleistung erfolgte über die analoge Spannung des akustooptischen Modulators durch eine Spannungsänderung von 1,00 V bis 0,05 V in 0,05 V-Schritten. Diese Prozedur wurde für zehn unterschiedliche Verfahrgeschwindigkeiten wiederholt, wobei die langsamste Geschwindigkeit $v_1 = 0{,}2\,\mathrm{mm/s}$ betrug und die Geschwindigkeit nach der durchgeführten Leistungsvariation um 20 % für die nächste Leistungsvariation erhöht wurde. Die so belichteten Linien wurden nach der Entwicklung der Proben zu Gräben im Photolack. Die Linienbreiten wurden mittels REM ausgewertet, wobei nur diejenigen Geschwindigkeiten berücksichtigt wurden, bei denen der Photolack bei mindestens vier Linien bis zum Substrat entfernt wurde (vgl. Abbildung 7.1). Gemäß Formel 2.5 ist die Belichtungsdosis abhängig von $I^2 \cdot t$.

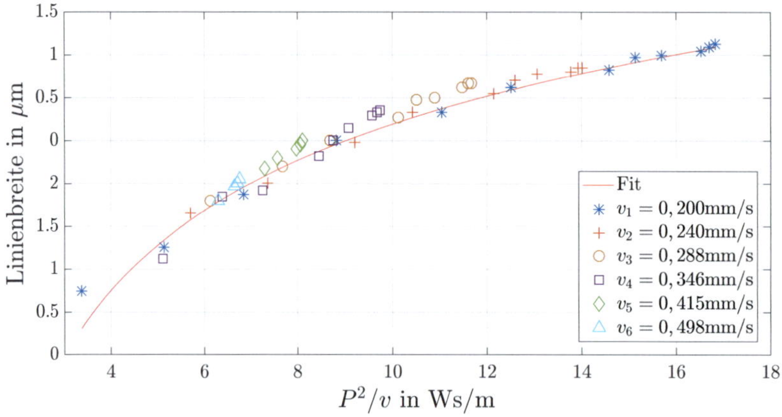

Abbildung 7.1: Dosisuntersuchungen für die Belichtung von AZ1505 Photoresist durch Variation der Leistung und der Geschwindigkeiten und Trendlinie durch einen Fit der Form $L(x) = r_0 \cdot \sqrt{\ln(a \cdot x)} + b$

Durch den Zusammenhang zwischen Intensität I und Leistung P und die Näherung der Belichtungszeit t über die Verfahrgeschwindigkeit v und den Strahlradius an der belichteten Stelle ergibt sich die Abhängigkeit der Linienbreite L von P^2/v [133]. Die Fit-Funktion ergibt nach [60, 134] mit

$$L = r_0 \sqrt{\ln \; \frac{\sigma_2}{C} \cdot \frac{4P^2 t}{f\tau(\pi h \nu r_0^2)^2}\Bigg)}, \tag{7.1}$$

wobei r_0 der Strahlradius, f die Wiederholrate, ν die Frequenz und τ die Pulsdauer des Lasers sind. P beschreibt die Laserleistung, h das Planck'sche Wirkungsquantum und σ_2 den Zwei-Photonen-Wirkungsquerschnitt (vgl. Abschnitt 2.1.2). C ist eine vom Photolack abhängige Konstante, die sich aus der anfänglichen Radikaldichte ρ_0 im Photolack und der erforderlichen minimalen Radikaldichte ρ_{th} für eine Photoreaktion mit $C = \ln\left(\frac{\rho_0}{\rho_0 - \rho_{\text{th}}}\right)$ ergibt [60]. Über die Fitparameter kann der Quotient $\sigma_2/C = 9{,}56 \cdot 10^{-58}\,\text{cm}^4 \cdot \text{s}$ bestimmt werden, der als ein Maß für die Lackeinflüsse des

Prozesses zu verstehen ist. Eine quantitative Einschätzung dieses Wertes ist nur bedingt möglich, da es keine bekannten Untersuchungen zum Zwei-Photonen-Laserschreiben mit dem verwendeten Photolack gibt. Aus anderen Untersuchungen gehen $\sigma_2/C = 2{,}76 \cdot 10^{-54}\,\mathrm{cm}^4 \cdot \mathrm{s}$ hervor [60]. Der 2PA-Wirkungsquerschnitt σ_2 ist mit Werten von $2{,}42 \cdot 10^{-47}\,\mathrm{cm}^4 \cdot \mathrm{s/Molekül} \cdot \mathrm{Photon}$[10] [135] bis $390 \cdot 10^{-50}\,\mathrm{cm}^4 \cdot \mathrm{s/Molekül} \cdot \mathrm{Photon}$ [136] bekannt. In Anbetracht dieser Zahlenwerte über mehrere Größenordnungen ist an dieser Stelle unklar, wie der hier ermittelte Quotient σ_2/C einzuordnen ist. In zukünftigen Arbeiten sind systematische Untersuchungen zu Lackparametern denkbar.

Um einen konstanten Abstand zwischen Fokus des Femtosekundenlasers und der Probenoberfläche zu gewährleisten, wird der Laserfokussensor zur Ausgabe eines Regelsignals verwendet. Dabei wird der Fokus des Laserfokussensors als Referenz zur Probenoberfläche verwendet. Da die axiale Distanz zwischen den Fokusebenen des Laserfokussensors und des Femtosekundenlasers etwa 8 µm (vgl. Abschnitt 5.5) beträgt, findet der Laserschreibprozess in diesem Abstand z vom Fokus des Femtosekundenlasers statt. Infolgedessen ist der Durchmesser des Femtosekundenlaserstrahls in der Schreibebene nicht minimal, sondern etwas aufgeweitet. Der Strahlradius $r(z)$ kann über die Kogelnikschen Gleichungen

$$r(z) = \sqrt{r_\mathrm{F}^2 \left(1 + \left(\frac{z - Z_0}{\alpha_0}\right)^2\right)} \quad \text{mit} \quad \alpha_0 = \pi \cdot \frac{r^2}{\lambda}, \tag{7.2}$$

dem Radius r_F im Fokus, der Fokusposition Z_0 und der Wellenlänge λ bestimmt werden [105] und ergibt sich für $z = 8\,\mu\mathrm{m}$ mit $r = 2{,}28\,\mu\mathrm{m}$, was einem Durchmesser[11] von etwa 4,6 µm entspricht. Der Durchmesser des Femtosekundenlaserstrahls, der zum Laserschreiben genutzt wird, ist demnach um 0,5 µm vergrößert im Vergleich zum Durchmesser des Strahls von 4,1 µm im Fokus (vgl. Abschnitt 5.5).

Durch die Variation der Laserleistung über den akustooptischen Modulator pflanzen sich die Abweichungen aus der Kennlinie des Modulators (vgl. Abschnitt 5.3.2) bei den Variationen der Belichtungsdosis fort. Dennoch ist in Abbildung 7.1 ein deutlicher Trend zu erkennen, der mit den Ergebnissen von Tsutsumi et al. [133] und Serbin [60] vergleichbar ist, wenn berücksichtigt wird, dass ein anderer Photolack und ein anderes Objektiv mit geringerer numerischer Apertur verwendet wird. Ver-

[10] Die Einheit $10 \cdot 10^{-50}\,\mathrm{cm}^4 \cdot \mathrm{s/Molekül} \cdot \mathrm{Photon}$ des 2PA-Wirkungsquerschnitts wird auch als 1 GM (Goeppert-Meyer) bezeichnet [135] und wurde nach Maria Goeppert-Meyer benannt, die die Zwei-Photonen-Absorption im Jahr 1931 theoretisch beschrieb [51].

[11] Ausgehend von der Breite des Gauß-Profils bei einer Höhe von $1/e^2$ der Maximalintensität mit der Eulerschen Zahl e

ringert sich P^2/v, so verringert sich auch die Linienbreite. Mit einer Geschwindigkeit von $v_6 = 0{,}498\,\mathrm{mm/s}$ und einer AOM-Spannung von 0,45 V, was einer Leistung von (26 ± 6) mW hinter dem Objektiv entspricht, konnte eine Linienbreite von etwa 500 nm bei einem Strahldurchmesser von 4,6 µm erreicht werden. Diese ist allerdings unter den REM-Aufnahmen kaum zu erkennen und dementsprechend schwierig auszuwerten, sodass sie in Abbildung 7.1 nicht berücksichtigt wird. Analog zu Abbildung 2.3 kann die erhaltene Linienbreite anhand des Strahlprofils und des resultierenden quadrierten Intensitätsprofils illustriert werden (vgl. Abbildung 7.2). Daraus geht hervor, dass der

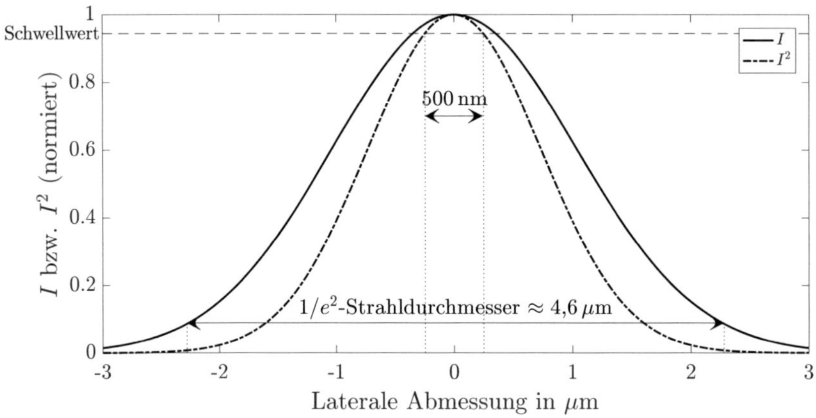

Abbildung 7.2: Intensitätsprofil (durchgezogene Linie) des gaußförmigen Laserstrahls in der Schreibebene mit einem $1/e^2$-Durchmesser von etwa 4,6 µm und das entsprechende quadrierte und normierte Intensitätsprofil (strichpunktierte Linie) mit der resultierenden minimalen Linienbreite von 500 nm und dem korrespondierenden Schwellwert für den Zwei-Photonen-Prozess (gestrichelte Linie).

Schwellwert für diesen Belichtungsprozess mit 94 % der Maximalintensität sehr hoch liegt und folglich eine derart schmale Linienbreite mit einem vergleichsweise großen Strahldurchmesser erzielt werden konnte. Eine weitere Reduzierung der Linienbreite kann nach Gan et al. durch die Verringerung der Intensität erzielt werden, sodass die Maximalintensität immer näher an den Schwellwert heranreicht [46].

Aussagen über theoretische Linienbreiten können mit Gleichung 2.9 abgeschätzt werden. Wird der Prozessfaktor k_1 für $\lambda = 801\,\mathrm{nm}$, $NA = 0{,}16$ anhand der kleinstmöglichen

Linienbreite von 500 nm berechnet, ergibt sich dieser mit

$$k_1 = 500\,\text{nm} \cdot \frac{0,16}{801\,\text{nm}} \approx 0,1\,. \tag{7.3}$$

Eine vollständige Ausnutzung der numerischen Apertur des derzeit verwendeten Objektivs könnte – unter der Annahme, dass k_1 mit stärkerer Fokussierung konstant bleibt – die Linienbreiten auf 133 nm reduzieren. Bei einer numerischen Apertur von 1,4 kann eine Linienbreite von 57 nm erreicht werden. Dies stimmt auch mit den bisher veröffentlichten experimentell erreichten Linienbreiten von [39] oder [6] überein.

Da die Variationen von Geschwindigkeit und Leistung gut mit den theoretischen Betrachtungen übereinstimmen, wird in den folgenden Versuchen zur Minimierung von Dosisabweichungen die Belichtungsdosis nach Möglichkeit über die Verfahrgeschwindigkeit des Positioniertisches eingestellt.

Eine Reduktion der Belichtungsdosis hat neben der Änderung der Linienbreite auch Auswirkungen auf die Linienrauhigkeit. Die Linienrauhigkeit beschreibt Variationen in der Linienbreite verursacht durch Fluktuationen beispielsweise im Photonenfluss, in der Verteilung chemisch reaktiver Spezies im Photolack, in Diffusionsprozessen [2] oder durch das Positionsrauschen des Probentisches. Die Linienrauhigkeit wird für Linienbreiten von ≤ 100 nm interessant, wenn diese maßgeblich auf die wiederholbare Herstellung der Linien Einfluss nehmen [2]. Die im Rahmen dieser Arbeit hergestellten Linienbreiten liegen mit minimal 500 nm in weitaus unkritischeren Bereichen, sodass die Linienrauhigkeit nur in qualitativer Hinsicht betrachtet wird und eine quantitative Analyse auf Basis von AFM-Messungen nicht in Betracht gezogen wird. Es soll jedoch die prinzipielle Eignung der Nanopositionier- und Nanomessmaschinen für das Laserschreiben demonstriert werden.

In Abbildung 7.3a sind zehn mit aufsteigender Geschwindigkeit lasergeschriebene Linien dargestellt, wobei die langsamste Geschwindigkeit 0,2 mm/s und die Geschwindigkeitserhöhung 20 % pro Linie betrug. Die Linienrauhigkeit ist für die mit einer geringeren Geschwindigkeit geschriebenen Linie und folglich einer höheren Belichtungsdosis (vgl. Abbildung 7.3b) geringer als bei der Linie, die mit höherer Geschwindigkeit geschrieben wurde (vgl. Abbildung 7.3c). Weiterhin ist die Linie mit höherer Belichtungsdosis in der gesamten Lackschicht bis zum Substrat entwickelt worden, während bei einer niedrigeren Belichtungsdosis noch Photolack an den belichteten Stellen vorhanden ist. Die in Abbildung 7.3b an der linken Linienkante erkennbare Stufe kann

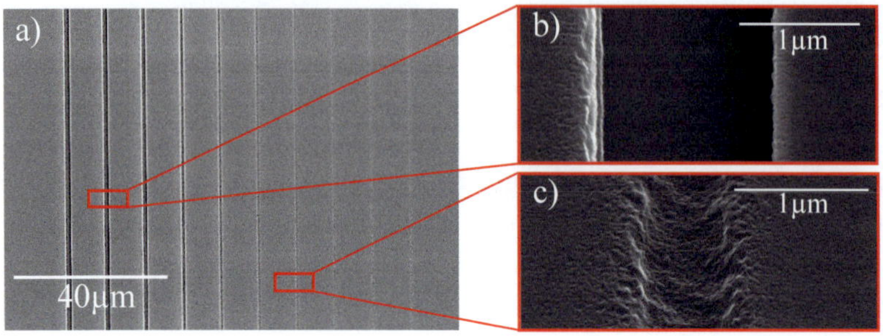

Abbildung 7.3: a)Variation der Belichtungsdosis durch Geschwindigkeitserhöhung um 20 % pro Linie bei einer Anfangsgeschwindigkeit von 0,2 mm/s und einer AOM-Spannung von 1,00 V.
b) und c) Vergrößerte Darstellung der zweiten und siebten Linie.

beispielsweise durch Interferenzeffekte bei der Reflexion des Laserstrahls am Substrat oder eine Verkippung zwischen Laserstrahl und Probe begründet werden. Weiterhin können sogenannte Seitenpeaks im Intensitätsprofil, welche durch Beugungseffekte hervorgerufen werden können, bei hohen Belichtungsdosen an Einfluss gewinnen [60]. Bei der Fokussierung mit dem derzeitig genutzten Objektiv sollten für den Photoresist AZ1505 langsame Verfahrgeschwindigkeiten von weniger als 0,5 mm/s gewählt werden, um den Photoresist in der gesamten Schichtdicke ausreichend zu belichten. Das Positionsrauschen der NMM-1 wird aufgrund der in Abschnitt 5.2 dargestellten Standardabweichungen von unter 1 nm im Vergleich zu Fluktuationen der Laserleistung als nicht dominierend für die Linienrauhigkeit eingestuft.

7.2 Strukturierung auf großen Flächen

Die Verwendung von Nanomess- und Nanopositioniermaschinen ermöglicht die hochpräzise Positionierung auf Bereichen mehrerer Millimeter in jeder Richtung. Im Vergleich zu den Positioniersystemen anderer Laserschreibsysteme (vgl. Abschnitt 4.1) ist bei der NMM-1 kein Stitchen und keine Kombination mehrerer Positioniersysteme notwendig, um ein Positioniervolumen von $25 \times 25 \times 5\,\text{mm}^3$ zu adressieren. Die absoluten Positionierunsicherheiten insbesondere auf großen Bereichen sind bei der NMM-1 im Vergleich zu den gängigen Systemen verschwindend gering. Diese Eigenschaften des Positioniersystems sollen für das Laserschreiben ausgenutzt werden. Zur Demonstration dieser Fähigkeit wurde ein lasergeschriebener Schriftzug „TU ILMENAU“ zunächst auf einer Fläche von $18\,\text{mm} \times 5\,\text{mm}$ fabriziert (vgl. Abbildung 7.4). Im „U“ von

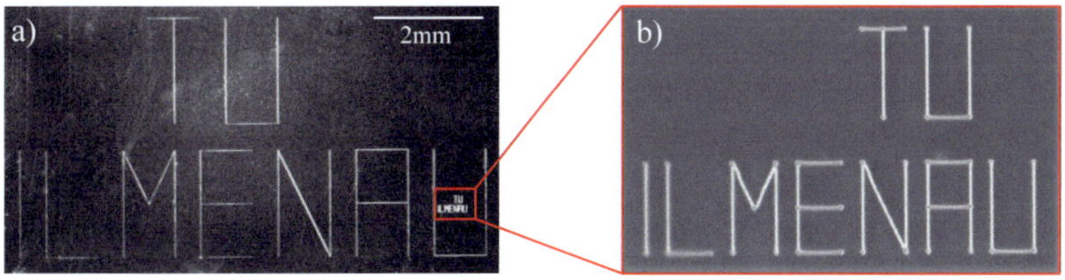

Abbildung 7.4: Schriftzug „TU ILMENAU“ auf a) 18 mm × 5 mm und b) 1080 µm × 300 µm in AZ1505 Photoresist.

„ILMENAU“ ist dann nochmal der gesamte Schriftzug verkleinert auf einer Fläche von 1080 µm × 300 µm mittels Laserschreiben generiert worden. Die Linien wurden mit 50 mW Dauerstrichleistung und einer Geschwindigkeit von 0,3 mm/s in AZ1505 Positivresist geschrieben. An den Linienanfängen sind verbreiterte Bereiche zu erkennen. Grund dafür ist eine Überbelichtung des Photolacks durch das Einschalten des Femtosekundenlasers kurz vor dem Positionierbefehl (vgl. Abschnitt 5.3).

Eine Anwendung der großflächigen Strukturierung ist in der Herstellung von Kalibriermarken auf großen Wafern. Dies ist notwendig, um beispielsweise Übersichtsbilder eines prozessierten Wafers mit Hilfe von CCD-Kameramikroskopen und der NPMM200, der Nanopositionier- und Nanomessmaschine mit einem Positioniervolumen von $200 \times 200 \times 25\,mm^3$, zu erstellen. Für eine vollständige zweidimensionale oder sogar dreidimensionale Darstellung eines Wafers sind etwa 160 000 Einzelaufnahmen an benachbarten Positionen zu erstellen und zu einem Gesamtbild zusammenzufügen. Zur Unterstützung dieses Prozesses können die Kalibriermarken zur hochgenauen Bestimmung des Gierwinkels zwischen dem Koordinatensystem der Kamera und dem Maschinenkoordinatensystem verwendet werden. Infolgedessen kann dieser Gierwinkel bei der Positionierung für die Bildaufnahme berücksichtigt werden.

Für diesen Zweck wurde eine spezielle Kalibriermarke entworfen (vgl. Abbildung 7.5), die aus drei konzentrisch angeordneten Kreisen und radial dazu angeordneten Strahlen besteht [137]. Die Durchmesser der Kreise betragen 60 µm, 100 µm und 120 µm und die Strahlen haben eine Länge von 2,5 mm. Die Strahlen dienen dabei der Orientierung zum Finden der Kreise und sollen einen großen Bereich abdecken. Der Mittelpunkt der Kreise, welcher gleichzeitig der Schnittpunkt der Strahlen ist, kann durch Bildverarbeitungsalgorithmen ermittelt werden.

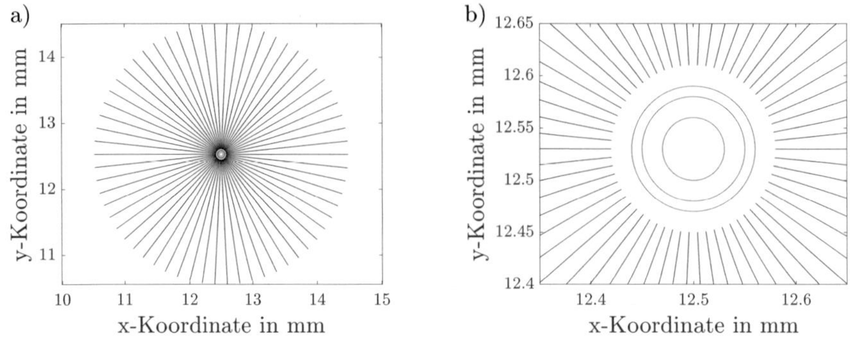

Abbildung 7.5: a) Überblick und b) Vergrößerung der Positionsdaten des Verfahrwegs mit eingeschaltetem Schreiblaser bei der Herstellung der Kalibriermarken für die Kamera der NPMM 200.

Die Herstellung dieser Kalibriermarken erfolgte durch zweiphotonenbasiertes Laserschreiben auf der NMM-1. Abbildung 7.5 zeigt die Positionsdaten, die während des Laserschreibprozesses angefahren wurden und in Abbildung 7.6 sind die realisierten Strukturen verschiedener Stufen der Bildverarbeitung dargestellt. Für die Strukturierung wurde AZ1505 (MicroChemicals GmbH, *Ulm, Deutschland*) auf einem Glassubstrat verwendet. Die Belichtung erfolgte bei 30 mW Dauerstrichleistung hinter dem Objektiv. Die Verfahrgeschwindigkeiten betrugen 2 µm/s für die Kreise und 200 µm/s für die Strahlen. In Abbildung 7.6a ist ein Ausschnitt der lasergeschriebenen Kalibriermarke als gestitchtes Gesamtbild der NPMM200-Kameramikroskopaufnahmen mit einer Größe von etwa 900 µm × 900 µm gezeigt.

Die automatisierte Auswertung über den Bildverarbeitungsalgorithmus[12] führt dazu, dass jeder lasergeschriebene Kreis zu zwei Kreisen in der Bildverarbeitung wird (vgl. Abbildung 7.6b). Diese entsprechen jeweils der Außen- und Innenlinie des Kreises, der mit einer Linienbreite von etwa 3,4 µm in den Photolack geschrieben wurde. Aus den Auswertungen der erkannten Kreise kann der Mittelpunkt mit einer Standardabweichung von 0,421 µm in x-Richtung der Kamera und 0,211 µm in y-Richtung der Kamera ermittelt werden [137]. Die Auswertung über die Schnittpunkte der erkannten Strahlen (vgl. Abbildung 7.6c und Abbildung 7.6d) weist dagegen eine Standardabweichung von 0,046 µm in x-Richtung und 0,238 µm in y-Richtung auf [137]. Die Standardabweichung in x-Richtung ist bei dieser Methode um eine Größenordnung kleiner als

[12]Es wurde die freie Programmbibliothek „OpenCV“ verwendet.

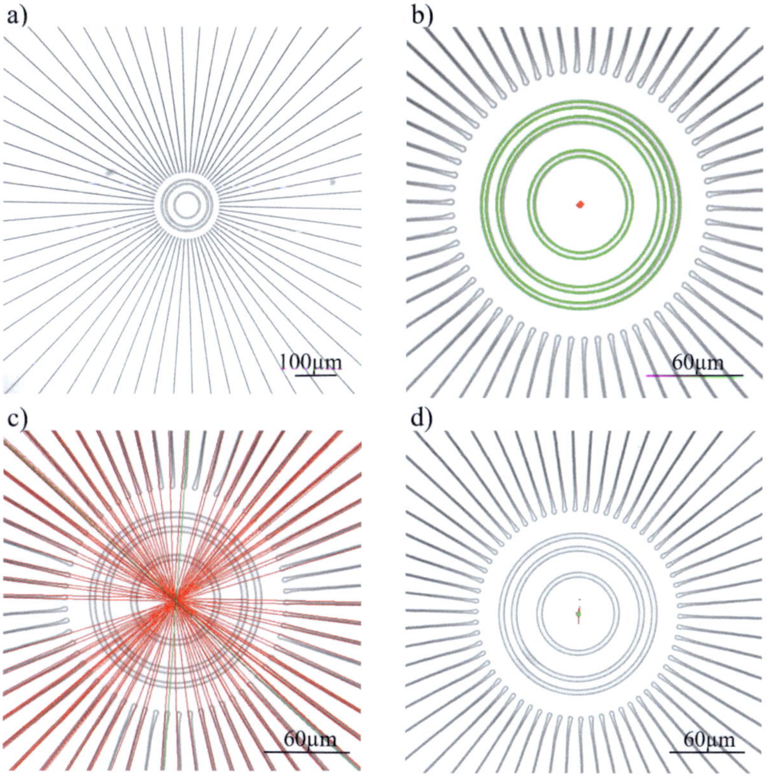

Abbildung 7.6: Mit dem Kameramikroskop der NPMM200 aufgenommene Bilder der mittels Laserschreiben hergestellten Kalibriermarke (nach [137]).
a) Übersichtsbild der Kalibriermarkenstruktur.
b) Vergrößerte Aufnahme und mittels Bildverarbeitung erkannte Kreise (grün) und Mittelpunkte (rot). c) Mittels Bildverarbeitung erkannte Strahlen (rot und grün). d) Mittels Bildverarbeitung ermittelte Schnittpunkte der Strahlen (rot) und der daraus bestimmte Mittelwert (grün).

durch die Mittelpunkterkennung der Kreise. Die Standardabweichung in y-Richtung unterscheidet sich nicht signifikant. Bei der Ermittlung des Schnittpunkts der Strahlen weisen die Ergebnisse eine Streuung entlang der y-Richtung von 1,447 µm wohingegen die Streuung in x-Richtung nur 0,130 µm beträgt (vgl. Abbildung 7.6d). Eine Ursache dafür könnte zum einen in der Bildverarbeitung liegen, da einige lasergeschriebene Strahlen mit einer Linie und andere mit zwei oder sogar drei Linien in der Bildverarbeitung erkannt werden (vgl. Abbildung 7.6c). Eine weitere Ursache dafür könnte in der Beschleunigungsphase der NMM-1 liegen. In den vergrößerten Aufnahmen der Kalibriermarke (vgl. Abbildung 7.6b, c und d) ist an den Anfängen der Strahlen nicht nur der typische verbreiterte Bereich durch den zum Einschalten des Lasers verzögerten Positionierbefehl zu sehen, sondern bei einigen Strahlen auch eine Richtungsänderung während der Beschleunigungsphase. Dies kann auf nicht optimal eingestellte Reglerparameter der Achsen zurückzuführen sein. Aus den aufgenommenen Positionsdaten kann diese Richtungsänderung nicht ermittelt werden, da der Abstand zwischen zwei aufgenommenen Positionen mit 50 µm eingestellt war. In jedem Fall sind die Streuungen nicht allein dem Schreibprozess mit der Nanopositionier- und Nanomessmaschine zuzuschreiben. Für eine Charakterisierung der Präzision des Schreibprozesses ist diese Auswertung nicht geeignet. Dennoch besteht eine zukünftige Aufgabe darin, die verbreiterten Linienanfänge durch eine Synchronisation des akustooptischen Modulators mit dem erweiterten digitalen Signalprozessor (vgl. Abschnitt 5.3) zu vermeiden.

7.3 Kleinste Linienabstände

Aus den Untersuchungen zur Belichtungsdosis (vgl. Abschnitt 7.1) geht hervor, dass hohe Belichtungsdosen zu scharfen Kanten zwischen den belichteten und den unbelichteten Bereichen führen. Dies wurde im Folgenden genutzt, um den Abstand zwischen zwei geschriebenen Linien zu reduzieren und Untersuchungen zu den kleinstmöglichen Linienabständen durchzuführen. Die folgenden Versuche wurden im Positiv-Photolack AZ1505 (MicroChemicals GmbH, *Ulm, Deutschland*) durchgeführt, der auf ein gereinigtes Glassubstrat aufgebracht wurde und nach der mittels Zwei-Photonen-Laserschreiben durchgeführten Belichtung entwickelt wurde (vgl. Tabelle 6.1). Bei der Entwicklung des Positiv-Photolacks werden die belichteten Bereiche weggespült, sodass Gräben im Photolack verbleiben. An den unbelichteten Bereichen zwischen den Gräben verbleibt der Photolack unverändert in Form von Stegen auf dem Substrat.

Um eine Abschätzung über die Größenordnung der minimal erreichbaren Stegbreiten zu erhalten, wurden zehn Linien mit 5 mm Länge bei 50 mW Dauerstrichleistung und einer Geschwindigkeit von 0,3 mm/s geschrieben. Die Linienbreite ist konstant und beträgt etwa 1,655 µm. Über die Koordinaten der NMM-1 wurden Sollabstände zwischen den zu fahrenden Linien vorgegeben. Sie wurden von 10 µm beginnend jeweils in 1 µm-Schritten verringert, sodass der letzte Abstand nominell 1 µm groß war. Die Probe wurde zur Auswertung mit einem REM mit etwa 2 nm Platin besputtert, um die Leitfähigkeit der Oberfläche zu gewährleisten und Aufladungen unter dem REM zu vermeiden. Die Ergebnisse sind in Abbildung 7.7 dargestellt.

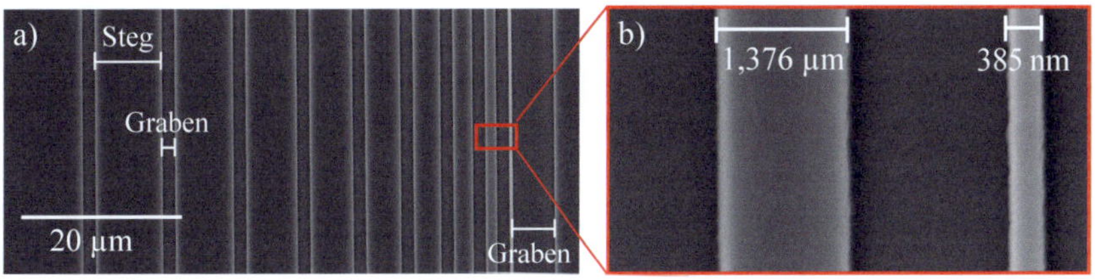

Abbildung 7.7: a) Überblick über die aus dem Laserschreibprozess entstandenen Gräben und Stege im Photolack. Über die Koordinaten der NMM-1 wurde der nominelle Abstand der Linien zueinander sukzessiv von 10 µm auf 1 µm in 1 µm-Schritten verringert. Durch die laterale Ausdehnung der Gräben im Photolack entspricht der nominelle Abstand nicht dem tatsächlichen Abstand.
b) Vergrößerung des in a) rot umrandeten Bereichs. Die kleinsten Stege, die in diesem Fall zwischen den mittels Laserschreiben erhaltenen Gräben stehen bleiben, haben Breiten von 1,376 µm und 385 nm.

Die Seitenwände der Gräben sind hell zu erkennen und die Gräben sind für große Abstände deutlich durch Stege voneinander getrennt. Für Sollabstände von 3 µm und 2 µm sind noch Stege zu erkennen, die deutlich schmaler werden. Die Stegbreiten betragen 1,376 µm (vgl. Abbildung 7.7b, linker Steg) und 385 nm (vgl. Abbildung 7.7b, rechter Steg). Die in Abbildung 7.7b angegebenen Stegbreiten unterscheiden sich um 1,009 µm. Unter Berücksichtigung der gewählten Vergrößerung ist es möglich, dass 9 nm durch eine nicht optimale Abmessung mit dem REM begründbar sind, sodass der Unterschied der Stegbreiten mit dem Unterschied der Sollabstände vereinbar ist. Die Stegbreite S ergibt sich geometrisch aus dem Sollabstand d der gefahren Linien verringert um die Linienbreite L, welche bei dem verwendeten Positiv-Photolack der Grabenbreite entspricht (vgl. Abbildung 7.8). Es gilt also

$$S = d - L\,. \tag{7.4}$$

Dabei bleiben Parameter wie die Linienrauhigkeit, Absorptionsschwellwerte oder die Lackchemie unberücksichtigt. Bei einem Sollabstand von 1 µm ist der Abstand kleiner als die Linienbreite ($d \leq L$), sodass die Stegbreite nach Gleichung 7.4 negativ ist. Dies äußert sich experimentell durch ein Überlappen der Linien, was in einem breiten Graben von beiden Linienbelichtungen resultiert (vgl. Abbildung 7.7a, Graben rechts). Mit einer Linienbreite von 1,655 µm ist anhand von Gleichung 7.4 zu schlussfolgern, dass die minimal mögliche Stegbreite in dem vorliegenden Experiment mit einer

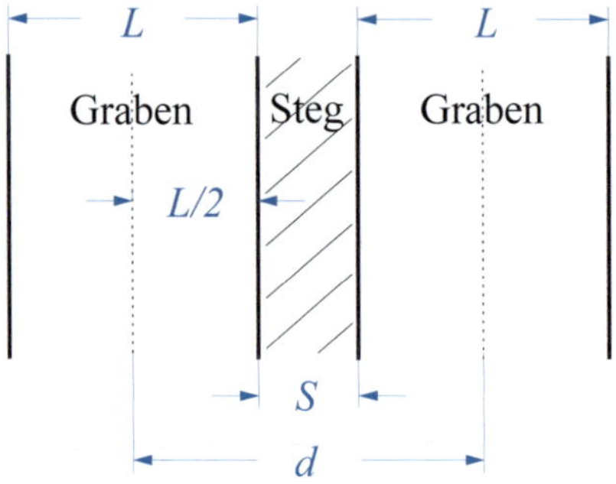

Abbildung 7.8: Geometrische Beziehung zwischen dem nominellen Abstand d, der Linienbreite L und der Stegbreite S.

Abstandsänderung von 1 µm bei 345 nm liegen muss, auf der Probe wurden 385 nm gemessen. Diese Abweichung ist akzeptabel.

Die Bestimmung der kleinsten erreichbaren Stegbreite ist durch die Änderung des Linienabstands d möglich. Es wurde nun eine Änderung des Sollabstands in 5 nm gewählt. In Abbildung 7.9 sind die Ergebnisse für Abstände von 1,72 µm auf 1,69 µm dargestellt. Der schmalste Steg, der in der gesamten Linienlänge vorhanden war, hat eine Breite von etwa 38 nm; ein weiterer Steg mit einer Breite von etwa 30 nm war ebenfalls zu erkennen, weist jedoch einige Unterbrechungen auf. Als Ursachen dafür sind Variationen in der Lackchemie, in der Linienrauhigkeit, in der Laserleistung oder das Positionsrauschen der NMM-1 im Bewegungsprozess denkbar. Bei den Abmessungen der Stegbreiten ist zu berücksichtigen, dass die Platinschicht von 2 nm in der Angabe enthalten ist, sodass der tatsächliche Steg etwa 4 nm schmaler sein dürfte. Mit Linienbreiten von 1,655 µm ergibt sich die theoretische Stegbreite nach Gleichung 7.4 mit 40 nm bei einem Abstand der Linien von 1,695 µm und mit 35 nm bei einem Abstand der Linien von 1,690 µm. Diese theoretischen Ergebnisse weichen lediglich um 2 nm bzw. 5 nm von den experimentellen Ergebnissen ab. Die Distanz von Linienmitte zu Linienmitte (Center-to-Center) beträgt 1,693 µm für den experimentell erhaltenen Steg von 38 nm und 1,685 µm für den kleinstmöglichen Steg von 30 nm.

Die dicht nebeneinander liegenden Linien wurden nacheinander, also mit einem zeitlichen Abstand, geschrieben. In der Literatur wird davon ausgegangen, dass Photolacke ein Gedächtnis für Strahlungsexpositionen unterhalb des Schwellwerts (vgl. Abschnitt 2.1.2) haben [22], sodass für eine Beurteilung der Gesamtbelichtung die

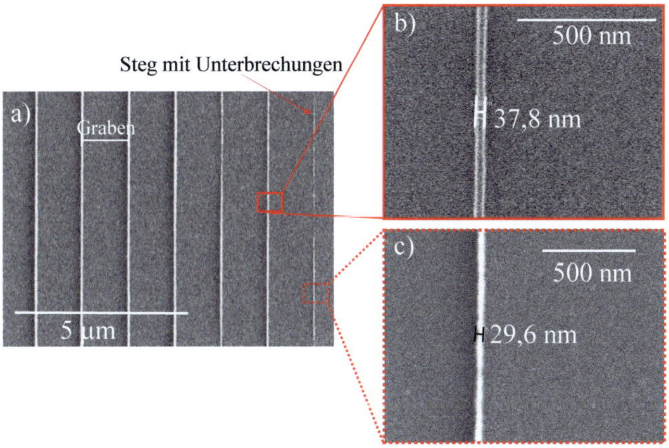

Abbildung 7.9: a) Überblick über die aus dem Laserschreibprozess entstandenen Gräben im Photolack. Über die Koordinaten der NMM-1 wurde der nominelle Abstand pro Linie 5 nm-Schritten verringert.
b) Vergrößerung des in a) durchgehend rot umrandeten Bereichs. Die Stegbreite beträgt hier etwa 38 nm.
c) Vergrößerung des in a) gepunktet rot umrandeten Bereichs. Die Stegbreite beträgt hier etwa 30 nm.

Superposition der für die Zwei-Photonen-Absorption relevanten Intensitäten herangezogen werden muss. Aufgrund des im Vergleich zur Linienbreite kleinen Abstands zwischen den Linien ist bei der Superposition davon auszugehen, dass der Photolack auch im Bereich der Stege einer höheren Belichtungsdosis ausgesetzt wurde als laut Schwellwert für eine Reaktion mindestens benötigt wird. Dass die Stege trotzdem stehen geblieben sind, wäre dann nur damit zu erklären, dass es kein solches „Lackgedächtnis" gibt oder der Lack bis zur Belichtung eines benachbarten Bereiches wieder „deaktiviert" war. Dies würde einem zeitabhängigen Vergessen des Photolacks entsprechen. Es wird allerdings davon ausgegangen, dass es keinen Photolack ohne Gedächtnis gebe [22], was aber bei dem hier vorliegenden Experiment der Fall zu sein scheint. Deshalb werden die vorliegenden Intensitätsverhältnisse an dieser Stelle näher untersucht. In [22] wurde das Abbe-Kriterium zur Beschreibung der Auflösungsgrenze beim Zwei-Photonen-Prozess herangezogen. Sinnvoller als das Abbe-Kriterium zur Bewertung des Prozesses erscheint das Rayleigh-Kriterium für Zwei-Photonen-Prozesse (vgl. Gleichung 2.8), da hierbei der Abstand zweier benachbarter Objekte betrachtet und nicht die Auflösung eines Gitters durch ein Objektiv als Kriterium herangezogen wird. Der in dieser Arbeit erzielte Abstand von 30 nm (vgl. Abbildung 7.9c), was bei einer Linienbreite von 1,655 µm in einer Center-to-Center Distanz von 1,685 µm resultiert, zeigt eine wesentliche Unterschreitung der Beugungsbegrenzung. Diese ergibt sich nach Gleichung 2.8 für das hier vorliegende Experiment mit einer Wellenlänge von $\lambda = 801\,\mathrm{nm}$ und einer numerischen Apertur von $NA = 0{,}16$ (vgl. Abschnitt 5.4 und 5.5) mit

$$d = 0,61 \cdot \frac{801\,\mathrm{nm}}{\sqrt{2} \cdot 0,16} = 2{,}16\,\mu\mathrm{m}\,. \tag{7.5}$$

In Abbildung 7.10 sind in Analogie zu Abbildung 2.3 die für den Zwei-Photonen-Prozess relevanten normierten quadrierten Intensitätsprofile zweier um 1,695 µm (Center-to-Center) lateral zueinander verschobenen Laserstrahlen dargestellt. Dies entspricht dem Abstand, bei dem ein Steg von 38 nm zwischen zwei lasergeschriebenen Linien entstanden ist (vgl. Abbildung 7.9b). Als $1/e^2$-Strahldurchmesser des einfachen Intensitätsprofil wurde der in Abschnitt 7.1 über die Kogelnikschen Gleichungen ermittelte Durchmesser des Femtosekundenlaserstrahls in der Schreibebene von 4,6 µm verwendet, woraus

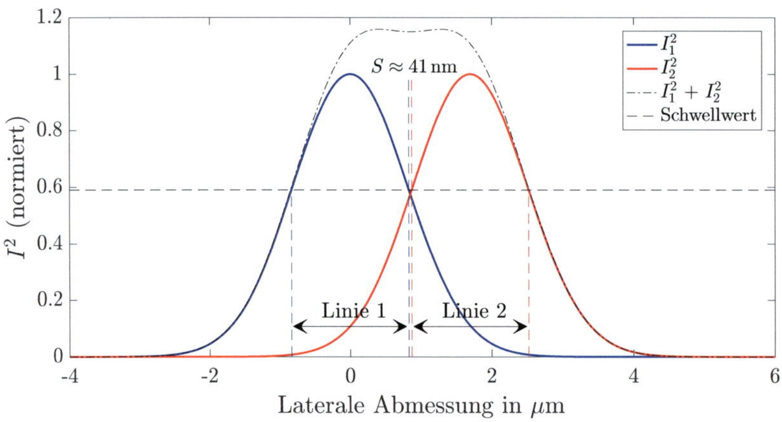

Abbildung 7.10: Normierte quadrierte Intensitätsprofile des Femtosekundenlaserstrahls in der für den Laserschreibprozess relevanten Ebene senkrecht zur Ausbreitungsrichtung, die lateral um 1,695 µm (Center-to-Center) zueinander verschoben sind (blaue und rote durchgezogene Linie). Der resultierende Steg S beträgt in diesem idealisierten Fall rund 41 nm. Aus den Linienbreiten von 1,655 µm (blauen bzw. rote gestrichelte Linien) kann der Schwellwert für den Laserschreibprozess (schwarze gestrichelte Linie) ermittelt werden. Die Superposition der Kurven ist durch die strichpunktierte schwarze Linie dargestellt.

sich durch Quadrieren und Verschieben des Intensitätsprofils entlang der x-Achse die dargestellten Kurven ergeben. Der Schwellwert für eine Reaktion im Photolack wurde über die erhaltene Linienbreite anhand der quadrierten Intensitätsprofile ermittelt. Die in diesem idealisierten Fall resultierende Stegbreite S beträgt etwa 41 nm, wenn davon ausgegangen wird, dass der Photolack die Belichtung der ersten Linie bei der Belichtung der zweiten Linie vollständig vergessen hat. Gemäß der Theorie des Lackgedächtnisses hat die effektive Intensität $I_1^2 + I_2^2$ (vgl. Abbildung 7.10) zur Zwei-Photonen-Absorption beigetragen, welche im gesamten Bereich von Linie 1, Linie 2 und dem Abstand dazwischen deutlich oberhalb des Schwellwerts liegt. Damit wäre dieser ganze Bereich belichtet worden. Folglich wären Stege mit den in dieser Arbeit experimentell erhaltenen Abmessungen nicht möglich.

Die weitere Analyse der eingetragenen Gesamtbelichtungsdosis durch Superposition beim Schreiben zweier benachbarter Linien ergibt auch unter Einhaltung des für Zwei-Photonen-Prozesse erweiterten Rayleigh-Kriteriums keine getrennten Linien (vgl. Abbildung 7.11a). Erst bei einem Abstand von 2,55 µm kann für das vorliegende Experiment mit einer Linienbreite von 1,655 µm eine Superpositionskurve simuliert werden, die zwischen den Linien unterhalb des Schwellwerts liegt (vgl. Abbildung 7.11b). Die dabei entstehenden Linien wären aber etwa 280 nm breiter als die erhaltenen Linienbreiten von 1,655 µm. Diese Verbreiterung ist in Abbildung 7.11b durch graue Rechtecke demonstriert.

Es ist also vielmehr zu schlussfolgern, dass das von Fischer et al. beschriebene Lackgedächtnis [22] nicht vorhanden ist oder aber einen zeitlich abhängigen Verlauf aufweist und die Dichte der aktiven Spezies im Photolack mit der Zeit beispielsweise durch Diffusionsprozesse oder Rekombinationen abnimmt. Die für diese Untersuchungen geschriebenen Linien waren 5 mm lang und wurden alle in derselben Richtung geschrieben, sodass nach Vollendung der Linien mit ausgeschaltetem Femtosekundenlaser wieder an den Startpunkt der Linie und dann der Abstand zur nächsten Linie gefahren wurde, bevor eine Exposition der nächsten Linie stattfand. Die Zeit zwischen den Belichtungen zweier benachbarter Punkte betrug demnach über 33 Sekunden. Inwieweit eine Zeitabgängigkeit des Lackgedächtnisses eine Rolle spielt, kann durch eine systematische Verkürzung der Zeitspanne zwischen den zwei Belichtungen untersucht werden. Die Durchführung derartiger Versuche mit der Nanopositionier- und Nanomessmaschine stellt für zukünftige Arbeiten kein Problem dar.

In der aktuellen Forschung wurde die Untersuchung von kleinstmöglichen Linienabständen in Negativ-Photolacken thematisiert, zu Positivlacken sind keine Veröffentlichungen

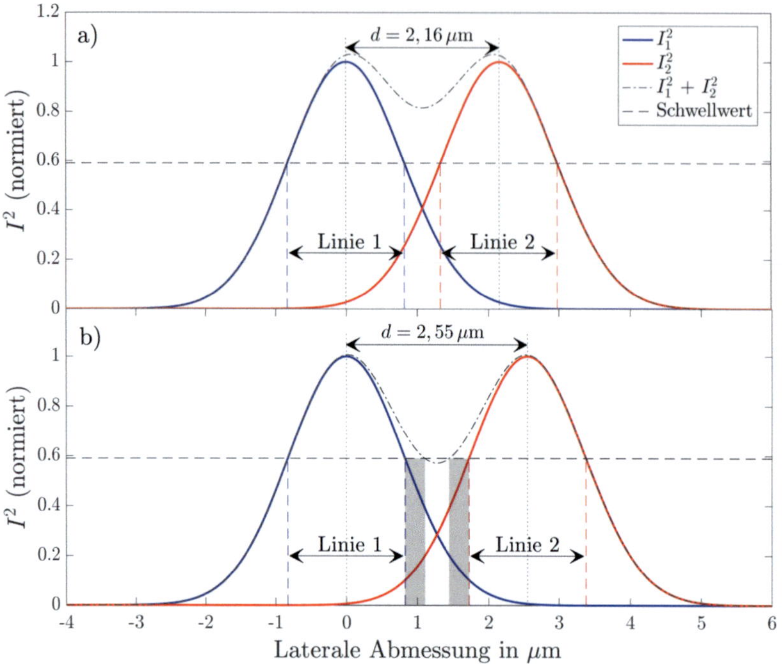

Abbildung 7.11: Normierte quadrierte Intensitätsprofile des Femtosekundenlaserstrahls in der für den Laserschreibprozess relevanten Ebene senkrecht zur Ausbreitungsrichtung. Die Darstellung ist analog zu Abbildung 7.10. a) Die laterale Verschiebung entspricht dem erweiterten Rayleigh-Kriterium mit $d = 2{,}16\,\mu\text{m}$ (Center-to-Center). b) Die laterale Verschiebung entspricht $d = 2{,}55\,\mu\text{m}$ (Center-to-Center) und ist so gewählt, dass die Superposition der Intensitätsprofile im Minimum unterhalb des Schwellwerts liegt. Die Linien verbreitern sich bei Belichtung mit der Superposition um etwa 280 nm, was durch die grauen Rechtecke dargestellt ist.

bekannt. Eine Übersicht über die Linienbreiten, Stegbreiten und Center-to-Center Distanzen und ein Vergleich mit den Ergebnissen dieser Arbeit ist in Tabelle 7.1 zu finden. Fischer et al. betonen die Unterschreitung der Beugungsbegrenzung gemäß des ihrer Meinung nach für Zwei-Photonen-Prozesse geltenden erweiterten Abbe-Kriteriums, nach dem eine Distanz von 205 nm zwischen zwei Linien zur Trennung dieser eingehalten werden müsse [22]. Ihre Schlussfolgerung, dass es keinen Photolack ohne Lackgedächtnis gebe und folglich Abstände unterhalb der Beugungsbegrenzung nur mit

Tabelle 7.1: Darstellung der Linienbreiten, Stegbreiten und Center-to-Center Distanzen aus aktuellen Forschungsergebnissen von Fischer et al.[13] [22], Gan et al. [46] und Zheng et al. [138] unter Berücksichtigung der verwendeten Wellenlänge, numerischen Apertur und der zusätzlichen Verwendung eines Auslöschungslasers (STED).

	Fischer et al.	Gan et al.	Zheng et al.	vorliegende Arbeit
Wellenlänge	810 nm	800 nm	513 nm	801 nm
Numerische Apertur	1,4	1,4	1,4	0,16
Modus	STED	STED	normal	normal
Linienbreite	65 nm	9 nm	110 nm	1,655 µm
Stegbreite	45 nm	34 nm	65 nm	38 nm 30 nm
Center-to-Center	175 nm	52 nm	175 nm	1,693 µm 1,685 µm
Rayleigh (2PA)	250 nm	246 nm	158 nm	2,159 µm

STED-Laserschreiben und nicht mit herkömmlichem Zwei-Photonen-Laserschreiben erzielt werden könnten, konnte in den hier gezeigten Untersuchungen widerlegt werden.

Die in Abbildung 7.9 dargestellen Ergebnisse zeigen weiterhin auf, dass kleinere Stege zwischen den Linien als mit STED-Laserschreiben erzielt werden können. Gan et al., die mit STED-Laserschreiben ebenfalls sehr schmale Stege erzielen konnten, machen zudem eine hohe mechanische Festigkeit ihres eigens entwickelten Photolacks für die Ausbildung derart kleiner Linienabstände verantwortlich [46]. Eine weitere Reduktion der Center-to-Center Distanz kann durch Optimierung des Prozessfaktors

[13] Eine Angabe der Linienbreiten ist nicht gegeben, sodass diese und auch der Abstand der Linien geschätzt werden muss. Nach Formel 7.4 folgt für eine Center-to-Center Distanz von 175 nm, dass die Linienbreite kleiner als 87,5 nm sein muss, da sonst kein Steg mehr zwischen den Linien vorhanden wäre. Aus einer vorangegangenen Arbeit von Fischer et al. geht hervor, dass die kleinste mit STED-Lithographie erreichbare Linienbreite 65 nm beträgt [11]. Mit dieser Linienbreite ergibt sich ein Abstand zwischen den Linien von 45 nm.

k_1 (vgl. Abschnitt 2.1.3.3), beispielsweise durch die Verwendung von Objektiven mit höheren numerischen Aperturen erzielt werden. Als ausschlaggebend für die kleinen Distanzen, die über große Linienlängen im Millimeterbereich nahezu konstant sind, wird die Positioniergenauigkeit der NMM-1 betrachtet.

Erstmalig konnte eine Stegbreite weit unterhalb der Beugungsbegrenzung mit herkömmlichem Zwei-Photonen-Laserschreiben in Positiv-Photolack realisiert werden. Dadurch zeigt sich das große Potenzial, das die Synergie von Nanopositionier- und Nanomessmaschinen mit Zwei-Photonen-Technologie eröffnet. Wird zudem der Prozess des Laserschreibens mit einer größeren Apertur verbessert, sind Linienbreiten von 100 nm und weniger realisierbar, was nicht nur die Linienbreiten, sondern auch die Center-to-Center Distanzen mit dem Stand der Technik vergleichbar machen würde. Durch sehr definierte Belichtungsdosen könnte zudem eine weitere Reduzierung der Stegbreite möglich sein.

7.4 Mix-and-Match Lithographie

Die Kombination von Zwei-Photonen-Laserschreiben mit Feldemissions-Rastersondenlithographie (FE-SPL, engl. *field emission scanning probe lithography*) zu einer Mix-and-Match Lithographie ermöglicht die schnelle und präzise Herstellung von Strukturen mit nanoskaligen Elementen auf großen Flächen. Die Schreibgeschwindigkeiten beim Laserschreiben sind um einen Faktor 1000 größer als die möglichen Schreibgeschwindigkeiten bei FE-SPL. Aus diesem Grund erscheint eine Kombination dieser Prozesse vorteilhaft, um den Durchsatz zu erhöhen. Zunächst wird ein Photolack mittels Laserschreiben vorstrukturiert. Nach dem Entwicklungsprozess können nanoskalige Strukturen mittels FE-SPL in die bereits vorhandene Strukturierung ergänzt werden. Diese gesamte Strukturierung des Photolacks kann durch einen anisotropen Ätzprozess in das Substrat unter dem Photolack übertragen werden. Nach dem Entfernen des Photolacks kann das Substrat mit den geätzten Strukturen zur Herstellung eines Stempels für Nanoprägelithographie (NIL, engl. *nanoimprint lithography*) verwendet werden. Die Ergebnisse der Mix-and-Match Lithographie wurden in [130–132] publiziert.

7.4.1 Rastersondenlithographie

FE-SPL ist eine an der TU Ilmenau entwickelte und im Rahmen des Graduiertenkollegs „NanoFab“ weiterentwickelte Technik zur Strukturierung eines elektronensensitiven Lacks durch Feldemission von niederenergetischen Elektronen aus einer Cantileverspitze [139], welche (analog zum Laserschreibprozess) entlang vorgegebener Linien relativ zur Probe bewegt wird. Die Feldemission wird durch eine Potentialdifferenz zwischen Probe und Cantileverspitze initiiert, wodurch die generierten Elektronen zur Probe hin beschleunigt werden [140]. Durch Variation der Potentialdifferenz U und weiterer Parameter wie dem Emissionsstrom I und der Schreibgeschwindigkeit v kann der Prozess eingestellt werden. Die Linienbreiten dieser maskenlosen Lithographietechnik können auf 10 nm und weniger reduziert werden [141]. Durch FE-SPL konnte bereits ein Einzelelektronentransistor, der bei Raumtemperatur arbeitet, hergestellt werden [142]. Eine detaillierte Beschreibung von FE-SPL kann in Fachliteratur wie beispielsweise [111, 140, 141, 143] nachgelesen werden. Das innerhalb des Graduiertenkollegs „NanoFab“ verwendete System für FE-SPL ermöglicht sowohl einen Lithographiemodus als auch einen AFM-Messmodus, sodass beliebig zwischen Lithographie und Abbildung der Probenoberfläche gewechselt werden kann [144]. Mit den genannten Linienbreiten im Bereich weniger Nanometer ist die lithographische Auflösung dieses Prozesses im Vergleich zu anderen Lithographieprozessen sehr hoch. Der Durchsatz, also die beschriebene Fläche pro Zeit, dieses Verfahrens ist durch den seriellen Prozess und die langsamen Schreibgeschwindigkeiten vergleichsweise gering. Typische Geschwindigkeiten der angewendeten Relativbewegung zwischen Cantilever und Probe liegen hier bei 1 µm/s und weniger. Aus diesem Grund ist die Kombination mit Laserschreibprozessen vielversprechend.

7.4.2 Nanoprägelithographie

NIL ist eine kostengünstige Technik zur Nanofabrikation mit hoher lithographischer Auflösung und hohem Durchsatz [145]. Dabei wird ein sogenannter Master der Struktur mit Hilfe anderer Techniken wie beispielsweise Elektronenstrahl- oder Photolithographie hergestellt, welcher dann als Vorlage für die Replikation mittels NIL dient. Für die Replikation wird ein Stempel hergestellt, indem Polydimethylsiloxan (PDMS) auf den Master aufgetragen und somit ein Negativabbild der Struktur erstellt wird [146]. Der Stempel wird dann mit einem Photolack in Kontakt gebracht [147]. Durch Belichtung mit UV-Licht wird der Photolack entsprechend eines Ein-Photonen-Prozesses (vgl. Abschnitt 2.1.1) quervernetzt und ausgehärtet, sodass nach dem Entfernen des Stempels die gewünschte Struktur im Photolack verbleibt [111, 145, 148]. Für die Replikation des mittels Mix-and-Match Lithographie hergestellten Masters wurde ebenfalls ein im Rahmen einer Dissertation des Graduiertenkollegs „NanoFab“ entwickeltes NIL-System auf Basis der NMM-1 verwendet [147].

7.4.3 Prozessablauf der Mix-and-Match Lithographie mit nachfolgender NIL

Für die Mix-and-Match Lithographie wurde ein Photolack gesucht, der sowohl auf Photonen im UV-Bereich als auch für Elektronen sensitiv ist. Diese Photolackeigenschaften ermöglichen eine Strukturierung des gleichen Photolacks mit beiden Techniken der Mix-and-Match Lithographie, also Zwei-Photonen-Laserschreiben und FE-SPL. Der Positivresist mr-P 1201LIL (micro resist technology GmbH, *Berlin, Deutschland*) verspricht diese Eigenschaften. Allerdings beträgt die Schichtdicke bei Standardprozessierung (vgl. Tabelle 6.1) laut Herstellerangaben 100 nm. Für eine Strukturierung mit FE-SPL sind Resistschichtdicken im Bereich weniger Nanometer notwendig [118]. Deshalb wurde der Photolack verdünnt, um eine resultierende Schichtdicke von 16 nm zu erreichen (vgl. Anschnitt 6.3). Der Resist wird durch FE-SPL direkt strukturiert, sodass für diesen Lithographieprozess kein weiterer Entwicklungsschritt erforderlich ist. Die Prozessabfolge für die Mix-and-Match Lithographie mit nachfolgender NIL wurde nach den folgenden Schritten durchgeführt:

1. Herstellung der Probe durch Beschichten eines gereinigten Siliziumsubstrats mit dem Resist mr-P 1201LIL (vgl. Tabelle 6.1)

2. Strukturierung des Resists mittels Zwei-Photonen-Laserschreiben

3. Entwickeln der Probe (vgl. Tabelle 6.1)

4. Strukturierung des entwickelten Resists mit FE-SPL

5. Herstellung des Masters durch Übertragung der Strukturen in das Siliziumsubstrat mittels kryogenem Ätzen

6. Herstellung eines PDMS-Stempels mit dem Master

7. Replikation der Strukturen in einem Photolack

In Abbildung 7.12 sind die Struktur-Layouts der Mix-and-Match Strukturierung für das Laserschreiben (vgl. schwarze Linien in Abbildung 7.12) und FE-SPL (vgl. grüne Linien in Abbildung 7.12c) dargestellt, welche in den Prozessschritten zwei und vier hergestellt werden sollen. Dabei wurde das Layout eines Einzelelektronentransistors (SET, engl. single electron transistor) gewählt [142] [132]. Die Gate-, Source- und Drain-Elektroden wurden mittels Zwei-Photonen-Laserschreiben hergestellt. Die Theorie von Einzelelektronentransistoren basiert u.a. auf [149]. Mit dem FE-SPL-Aufbau können die lasergeschriebenen Strukturen zunächst im AFM-Modus vermessen werden. Daraus kann dann die Position für die FE-SPL-Strukturen ermittelt und hochpräzise im Lithographiemodus geschrieben werden. Dadurch können feine Linien mit Abständen weniger Nanometer an der schmalsten Stelle (vgl. Abbildung 7.12c) generiert werden, die die Funktion als Einzelelektronentransistor adressieren.

7.4.4 Bestimmung der Ätzselektivität

Für die Herstellung des NIL-Masters wird die Probe nach der Strukturierung des Photolacks einem kryogenen Ätzprozess unterzogen (vgl. Prozessschritt fünf). Dabei spielt die Ätzselektivität eine entscheidende Rolle, um ausreichend tiefe Strukturen im Siliziumsubstrat zu erzeugen. Die Ätzselektivität beschreibt die Beständigkeit des Resists gegenüber dem Ätzprozess und wird durch das Verhältnis des geätzten Substrats zum geätzten Resist bestimmt. Zur Bestimmung der Silizium-zu-Resist-Selektivität soll eine mit strukturiertem Photolack versehene Probe geätzt und anschließend hinsichtlich der Ätztiefe im Substrat verglichen mit dem Abtrag der Photolackschicht durch den Ätzprozess untersucht werden [130]. Dazu wurde ein mit mr-P 1201LIL beschichtetes Siliziumsubstrat zunächst einem Laserschreibprozess unterzogen, um eine Strukturierung des Photolacks zu generieren. Bei 30 mW Dauerstrichleistung hinter dem Objektiv wurden zehn Linien geschrieben. Die erste Linie wurde mit einer Ver-

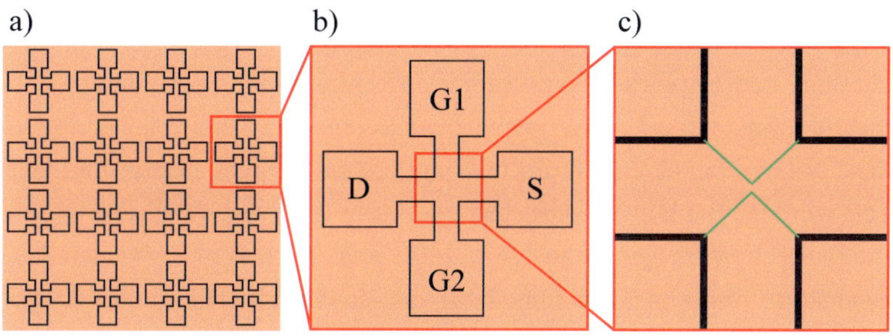

Abbildung 7.12: Strukturen im mittels Mix-and-Match Lithographie strukturierten Photolacks. Abbildung nach [132].
a) Regelmäßige Anordnung von Transistormustern (schwarze Linien) im Resist, hergestellt mittels Laserschreiben und anschließender Entwicklung.
b) Vergrößerung des in a) rot umrandeten Bildauschnitts mit einem Transistormuster bestehend aus Drain- (D), Source- (S) und Gate-Elektrode (G1 und G2).
c) Vergrößerung des in b) rot umrandeten Bildauschnitts. Hier wurden Linien mittels FE-SPL strukturiert (grün), welche eine Engstelle zwischen G1 und G2 generieren.

fahrgeschwindigkeit von 0,2 mm/s geschrieben, für die darauffolgenden Linien wurde die Sollgeschwindigkeit pro Linie um 20 % erhöht, sodass die Probe neben der Bestimmung der Ätzselektivität auch zur Bestimmung der maximalen Verfahrgeschwindigkeit für einen erfolgreichen Schreibprozess in diesem Photolack genutzt werden konnte. Durch den Entwicklungsprozess mit den in Tabelle 6.1 dargestellten Parametern wurden die belichteten Bereiche des verwendeten Positivresists weggespült. Im Anschluss an diesen Schritt wurde die Probe mit einem AFM vermessen. Daraus wurde ein Höhenprofil der Linien im Resist extrahiert. Das Höhenprofil der lasergeschriebenen Linien im Photolack ist in Abbildung 7.13 durch die gestrichelte rote Linie dargestellt.

Danach wurden die Linien mittels kryogenem Ätzen bei −120 °C mit 10 sccm SF_6 und 2 sccm O_2 für 2,5 Minuten in das Silizium übertragen. Es folgte wiederum eine AFM Messung, um das Höhenprofil der Probe nach der Ätzung, also mit strukturiertem Resist und den übertragenen Strukturen in Silizium, zu erfassen (vgl. gepunktete blaue Linie in Abbildung 7.13). Mit einem Sauerstoffplasma wurde nun der Resist vom Silizium entfernt und es konnte ein drittes Höhenprofil mittels AFM aufgenommen werden, welches die übertragenen Strukturen ins Silizium zeigt (vgl. durchgezogene schwarze Linie in Abbildung 7.13). Dabei wurden Einflüsse einer solchen Plasmabehandlung auf die Oberflächenrauhigkeit durch die Bildung bzw. Vergrößerung einer Oxidschicht [150] vernachlässigt. Dies ist möglich, da für die Bestimmung der Höhenprofile die Mittelwerte über mehrere Mikrometer Messweg gebildet werden. Das Profil nach dem Laserschreiben und Entwickeln (vgl. rote gestrichelte Kurve in Abbildung 7.13) zeigt die im Resist vorhandenen Linien, welche unter Berücksichtigung von Verkippungen der Probe bis zur Linie bei etwa 0,85 µm bis zum Substrat durchbelichtet und vollständig entwickelt wurden. Bei höheren Geschwindigkeiten reichte die Belichtungsdosis nicht mehr zur Belichtung der gesamten Lackschicht aus. Nach dem kryogenen Ätzen (vgl. blaue gepunktete Kurve in Abbildung 7.13) sind an den gleichen Stellen Ätzgräben zu erkennen. Dieses Profil zeigt die Linien im Resist und im darunterliegenden Substrat, sodass bis zur Linie bei etwa 0,75 µm ein Ätzprozess im Silizium stattgefunden hat. Die erkennbaren Linien bei etwa 0,85 µm, 0,95 µm und 1,05 µm weisen gleiche Höhendifferenzen auf wie die vergleichbaren Gräben bei der rot gestrichelten Kurve und geben demnach nur die im Resist vorhandenen Linien wider. Hier hat kein Ätzprozess im Silizium stattgefunden, da der Resist nicht in der gesamten Schicktdicke belichtet wurde und eine Restschicht des Resists den Ätzprozess verhindert. Die Linie bei etwa 0,85 µm scheint zwar bis zum Silizium belichtet zu sein, allerdings können hier Fehleinflüsse durch Schiefstellungen der Probe oder eine minimale verbleibende, in dem Profil nicht erkennbare Lackschicht, die Darstellung verfälschen. Deutlich wird dies

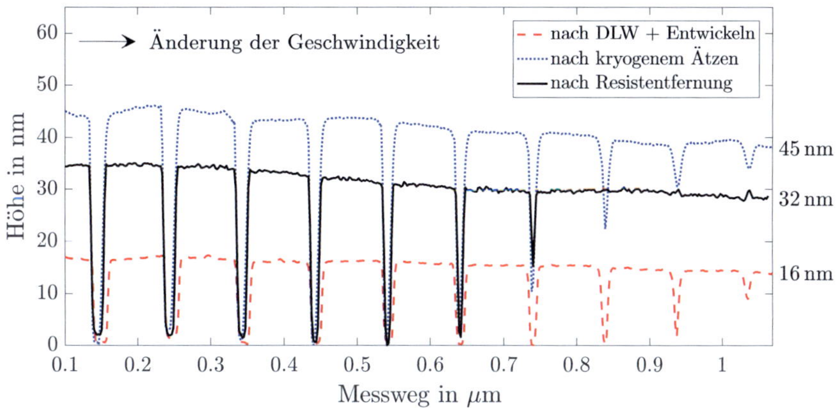

Abbildung 7.13: Höhenprofile einer Probe bestehend aus Siliziumsubstrat und verdünntem mr-P 1201LIL Photoresist nach dem Laserschreiben und Entwicklungsprozess (rote gestrichelte Linie), nach dem kryogenen Ätzen (blaue gepunktete Linie) und nach dem Entfernen des Resists (schwarze durchgezogene Linie) [130].

durch das Profil nach dem Entfernen des Resists (vgl. schwarze durchgezogene Kurve in Abbildung 7.13). An der Stelle dieser belichteten Linie ist kein Graben im Profil des geätzten Siliziums ohne Resist zu erkennen, ebenso wie bei den weiteren Linien, bei denen der Resist nicht in der gesamten Schichtdicke belichtet wurde. Die ersten sechs Ätzgräben im Silizium, die durch die Belichtung mit den ersten sechs Geschwindigkeiten und kryogenem Ätzen erzeugt wurden, weisen vergleichbare Tiefen auf. Die Ätztiefe der Linie bei etwa 0,75 µm weicht davon ab. Eine mögliche Erklärung dafür ist die Breite der Linie an der Grenzfläche von Resist zu Substrat. Ist diese sehr schmal, wird zunächst nur ein kleiner Bereich im Silizium geätzt. Erst mit fortschreitender Ätzzeit wird der Resist in den darüberliegenden Resisthöhen weggeätzt, woraufhin breitere Siliziumbereiche geätzt werden können.

Die Profiltiefe der Linien im Photolack (vgl. rote gestrichelte Kurve in Abbildung 7.13) in dem Bereich von etwa 0,15 µm bis 0,65 µm entspricht mit ungefähr 16 nm der gemessenen Schichtdicke des Resists (vgl. Abschnitt 6.3). Der Höhenunterschied zwischen Resistoberfläche und Ätzgraben der geätzen Probe mit noch vorhandener Resistschicht (vgl. blaue gepunktete Kurve in Abbildung 7.13) beträgt ca. 45 nm und die resultierende Tiefe der Ätzgräben in Silizium (vgl. schwarze durchgezogene Kurve in Abbildung 7.13) liegt bei 32 nm. Daraus ergibt sich eine Silizium-zu-Resist-Selektivität von 6:1 für den verdünnten mr-P 1201LIL für die Probenbehandlung mit dem beschriebenen Ätzprozess. Die Ätzrate ergibt sich durch Division der Tiefe der geätzten Gräben durch die Zeit des Ätzprozesses und liegt bei etwa 0,2 $^{nm}/_{s}$ für Silizium und 0,1 $^{nm}/_{s}$ für den verwendeten Resist. Daraus folgt, dass bei einer Ätzzeit von 160 Sekunden die gesamte Resistschicht weggeätzt ist und eine kürzere Ätzzeit angewendet werden muss. Die maximale Tiefe der Ätzgräben im Silizium ist demnach durch die Ätzselektivität auf etwa 30 nm begrenzt.

7.4.5 Durchführung der Mix-and-Match Lithographie mit anschließender NIL

Für die Strukturierung mittels Laserschreiben wurde der Resist mr-P 1201LIL bei 30 mW Dauerstrichleistung hinter dem Objektiv mit einer Verfahrgeschwindigkeit von 0,4 $^{mm}/_{s}$ belichtet [132]. Nach Abschnitt 7.4.4 sind diese Belichtungsparameter für eine Belichtung der gesamten Resistschichtdicke ausreichend. Die einzelnen Transistormuster mit Abmessungen von 100 µm × 100 µm wurden in einem Array mit einer Gesamtfläche von etwa 1,5 mm × 1,5 mm mittels Laserschreiben und anschließender Entwicklung erzeugt. In Abbildung 7.14a ist das im Resist mittels Laserschreiben hergestellte Array von Transistoren und in Abbildung 7.14b ein einzelner dieser Transistoren dargestellt. Nach der Visualisierung der so erzeugten Strukturen im Resist über die AFM-Funktion des FE-SPL-Aufbaus können die nanoskaligen Strukturen mittels FE-SPL ergänzt werden. Die FE-SPL wurde bei einer Potentialdifferenz von 60 V und einem Emissionsstrom von 25 pA durchgeführt, wobei die Schreibgeschwindigkeit 0,05 $^{µm}/_{s}$ betrug [132]. Die mittels FE-SPL in das lasergeschriebene Transistormuster integrierten Strukturen sind in Abbildung 7.14c dargestellt. Im Anschluss an die Strukturierung mittels Laserschreiben und FE-SPL dient der Resist als Ätzmaske. Es wurde ein kryogener Ätzprozess bei −120 °C mit 10 sccm SF_6 und 2 sccm O_2 für 25 Sekunden durchgeführt. Der Druck in der Ätzkammer betrug 5 mTorr, das Gleichspannungspotential 70 V und die Leistung 11 W [132]. Nach dem Ätzprozess wurde der Resist mit einem Sauerstoffplasma vom Siliziumsubstrat entfernt. Im Silizium verbleiben die durch den Ätzprozess vom Resist in das Silizium übertragenen Strukturen des Transistormusters (vgl. Abbildung 7.14d). Die im Silizium hergestellte Engstelle zwischen den Gate-Elektroden beträgt etwa 40 nm (vgl. Abbildung 7.14e). Das strukturierte Siliziumsubstrat dient nun als Master für die Herstellung eines PDMS-Stempels für NIL. Eine ausschnitthafte Darstellung des hergestellten NIL-Stempels ist in Abbildung 7.15a zu finden. Es konnten sowohl die mikro- als auch die nanoskaligen mittels Mix-and-Match hergestellten Strukturen in das Stempelmaterial übertragen werden, sodass dieses

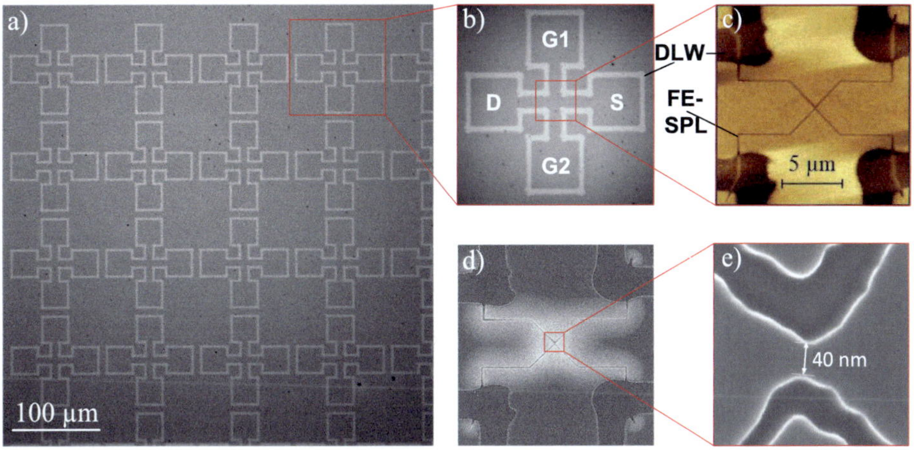

Abbildung 7.14: Auschnitt der mittels Mix-and-Match Lithographie in mr-P 1201LIL Resist hergestellten SET-Strukturen in den unterschiedlichen Prozessschritten [130].
a) REM-Aufnahme des mittels Laserschreiben (DLW) generierten Arrays von Transistorlayouts im Resist. Die Linienbreite beträgt etwa 1,4 µm.
b) REM-Aufnahme des in a) rot umrandeten Bildauschnitts mit einem Transistormuster bestehend aus Drain- (D), Source- (S) und Gate-Elektrode (G1 und G2).
c) Mittels AFM dargestellte Vergrößerung des in b) rot umrandeten Bildauschnitts mit den durch FE-SPL strukturierten Linien, welche eine Engstelle zwischen G1 und G2 generieren. Die kleinste Linienbreite beträgt etwa 20 nm
d) REM-Aufnahme des in c) dargestellten Bildausschnitts nach dem kryogenen Ätzen und der Entfernung des Resists. Die mittels Laserschreiben und FE-SPL hergestellten Strukturen wurden in das Siliziumsubstrat übertragen.
e) REM-Aufnahme des in d) rot umrandeten Bildauschnitts mit der durch FE-SPL generierten Engstelle zwischen G1 und G2, die 40 nm beträgt.

ein Negativabbild der Strukturen im Silizium darstellt. Der so hergestellte Stempel wurde zur Replikation der Transistorstrukturen in AMONIL® MMS 10 (AMO GmbH, *Aachen, Deutschland*) verwendet [132]. Die mit dem Stempel in AMONIL® MMS 10 gedruckte Struktur ist in Abbildung 7.15b dargestellt. Die gestempelte Struktur weist einige „Falten“ im Material auf, die in zukünftigen Versuchsreihen reduziert werden könnten. Weiterhin muss für eine Verkleinerung der einzelnen Transistorlayouts die Linienbreite der lasergeschriebenen Linien verringert werden, ebenso wie die Engstelle

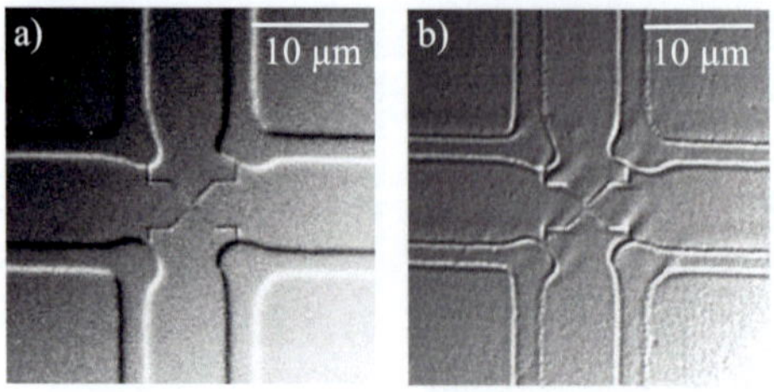

Abbildung 7.15: Lasermikroskopie-Ausschnitt des PDMS-Stempels (a) und des Replikats in AMONIL® MMS 10 (b) [132].

zwischen den mittels FE-SPL geschriebenen Linien. Nichtsdestotrotz konnte mit den hier dargestellten Ergebnissen der Funktionsnachweis für eine solche Mix-and-Match Lithographie mit anschließendem NIL Prozess erbracht und als Basis für weitere Untersuchungen und Verbesserungen der Mikro- und Nanofertigung mit hohem Durchsatz genutzt werden.

7.5 Dreidimensionale Strukturierung

Die Möglichkeiten zur dreidimensionalen Strukturierung mittels Laserschreiben mit dem in dieser Arbeit entwickelten Aufbau wurden mit dem Hybridpolymer OrmoComp (micro resist technology GmbH, *Berlin, Deutschland*) ausgetestet. Das Photopolymer härtet an den belichteten Stellen aus, sodass diese folglich nach dem Entwickeln auf dem Substrat verbleiben. Zur Strukturierung wurde die sogenannte Ascending-Scan-Methode (deutsch *aufsteigende Abtastung*) verwendet, bei der einzelne Voxel (vgl. Abschnitt 2.1.2) unter gleichen Bedingungen belichtet werden, aber der Abstand vom Voxel zum Substrat systematisch erhöht wird [60]. Abbildung 7.16 zeigt eine schema-

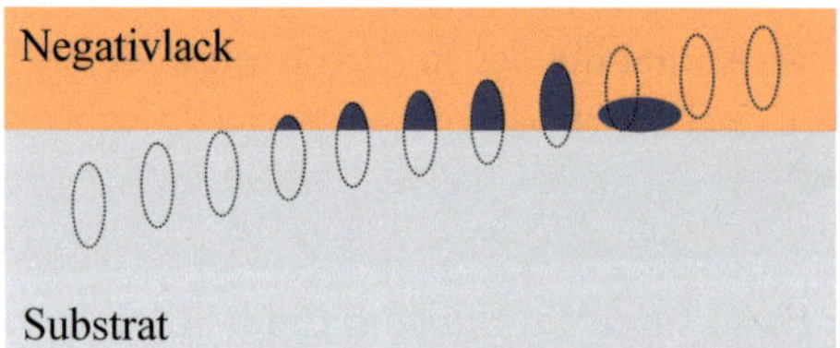

Abbildung 7.16: Belichtete Voxel (gepunktete Umrisse) und nach dem Entwickeln verbleibende Lackbereiche (blau) bei der Belichtung eines Negativlacks nach der Ascending-Scan-Methode. Abbildung nach [60].

tische Darstellung der so belichteten Voxel (gestrichelte Umrisse) und des dadurch ausgehärteten Photopolymers (blaue Ellipsen). Die ersten drei Voxel (von links nach rechts gezählt) sind vollständig im Substrat lokalisiert, sodass kein Bereich des Photopolymers ausreichend belichtet wird. Die Voxel vier bis acht befinden sich zum Teil oberhalb des Substrats, sodass das Photopolymer innerhalb der Voxel ausreichend belichtet wird und in dieser Form nach dem Entwickeln auf dem Substrat verbleibt. Voxel neun befindet sich vollständig im Photopolymer, aber noch in Kontakt mit dem Substrat. Während der Entwicklung kippen die so belichteten Strukturen meist auf die Seite um. Anhand dieser umgekippten Strukturen kann die Höhe und Breite der Voxel analysiert werden. Voxel zehn und elf befinden sich vollständig im Photopolymer, aber ohne jeglichen Kontakt zum Substrat. Während der Entwicklung werden die dadurch belichteten Bereiche mit dem umliegenden, nicht belichteten Photopolymer weggespült.

Bei der experimentellen Umsetzung der Ascending-Scan-Methode wurde ein mit OrmoComp beschichtetes Glassubstrat hergestellt (vgl. Abschnitt 6.1). Nach Platzieren der Probe auf dem Positioniertisch der NMM-1 und einer lateralen Ausrichtung der Probe wurde der Positioniertisch so lange in z-Richtung verfahren, bis die Oberfläche des Photopolymers mit Hilfe des Laserfokussensorsignals detektiert wurde. Um sicherzugehen, dass die ersten Voxel am Substrat anhaften, wurde der Positioniertisch von dieser z-Position um einen Offset von 45 µm an die z-Startposition nach oben gefahren. In diesem Offset ist zum einen der axiale Abstand zwischen den Fokusebenen des Femtosekundenlasers und des Laserfokussensors von etwa 6 bis 8 µm (vgl. Abschnitt 5.5) und zum anderen die Dicke der Lackschicht von etwa 20 µm bei der Prozessierung nach Datenblatt (vgl. Tabelle 6.1) berücksichtigt. Zudem ist die vom Femtosekundenlaserstrahl effektiv genutzte numerische Apertur mit $NA = 0{,}16$ vergleichsweise gering, sodass infolge der Skalierung der axialen Voxelgröße mit λ/NA^2 eine große vertikale Ausdehnung der Voxel erwartet wird [13].

Ausgehend von dieser Starthöhe wurde die Höhe des Positioniertisches pro Reihe mit jeweils 100 Voxel um 1 µm reduziert, wodurch sich der Abstand zwischen dem Fokus des Femtoseundenlasers und der Probe vergrößert. Die Belichtungszeit war für alle Voxel identisch und betrug 0,1 ms und der laterale Abstand zwischen den Voxeln lag bei 10 µm. In Abbildung 7.17 sind REM-Aufnahmen der ersten vier Reihen der Ascending-Scan-Methode dargestellt. In der ersten und zweiten Reihe (vgl. Abbildung 7.17a) sind aufrechte Säulen aus Photopolymer, die auf dem Substrat zurückgeblieben sind, erkennbar. Die Höhen dieser Säulen können unter der gekippten Ansicht mit dem REM nur näherungsweise ermittelt werden, betragen aber etwa 5,3 µm in der ersten Reihe und 5,9 µm in der zweiten Reihe. Die Durchmesser der Säulen liegen bei etwa 2,1 µm. Aus den Säulenhöhen $h_{\text{Säule}}$ kann die Voxelhöhe h_{Voxel} unter Berücksichtigung

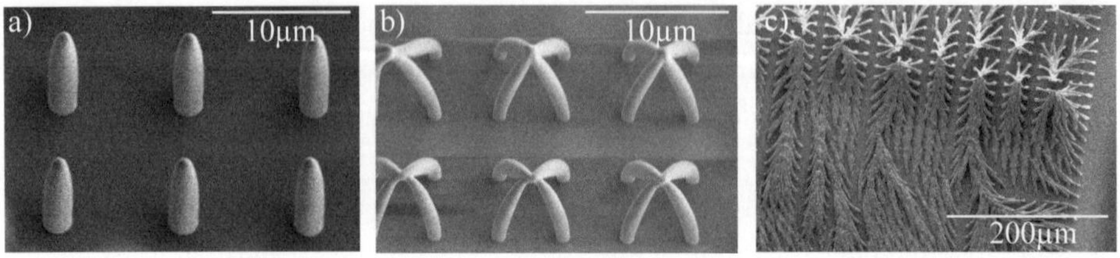

Abbildung 7.17: Belichtete Voxel in OrmoComp nach der Ascending-Scan-Methode. a) Die vordere Reihe zeigt die Photopolymersäulen, welche durch die in der z-Startposition (vgl. Text) belichteten Voxel entstanden sind, bei der hinteren Reihe wurde die z-Position des Positioniertisches um 1 µm reduziert.
b) Photopolymersäulen der Voxel aus den Reihen drei bis sechs, welche durch Kapillarkräfte während des Entwicklungsprozesses in Vierergruppen zusammengefallen sind (vgl. Text).
c) Photopolymersäulen der Voxel, bei denen der Positioniertisches um mehrere Mikrometer reduziert wurde. Die Säulen haben ein zu großes Aspektverhältnis und fallen zusammen.

des axialen Abstands Δh_{Fokus} zwischen den Fokusebenen des Femtosekundenlasers und des Laserfokussensors, dem Offset d_{Offset} von der Laserfokussensorreferenz zur z-Startposition und der Schichtdicke des Photopolymers d_{Lack} mit

$$h_{\text{Voxel}} = 2 \cdot (z_{\text{Offset}} - d_{\text{Lack}} + \Delta h_{\text{Fokus}} + h_{\text{Säule}}) \tag{7.6}$$

abgeschätzt werden (vgl. Abbildung 7.18), wenn angenommen wird, dass die halbe Höhe des Voxels in der Fokusebene des Femtosekundenlasers liegt. Somit ergibt sich eine Voxelhöhe von etwa 78 µm. Wird die Höhe der Photopolymersäulen größer, fallen die entstehenden Strukturen zusammen. Dies geschieht bei weiterer Reduktion der Höhe des Positioniertisches (vgl. Abbildung 7.17c). Die dabei wirkenden Kapillarkräfte sorgen dafür, dass das System seine Energie minimiert [151], indem benachbarte Photopolymersäulen zueinander umkippen. Bei geringeren Höhen der Photopolymersäulen sind regelmäßige Gruppierungen zu erkennen (vgl. Abbildung 7.17b). Durch das Verfahren der „Kritischer-Punkt-Trocknung“ (engl. *critical point drying*) können Oberflächenspannungen des Lösemittels und die damit verbundenen Kapillarkräfte während des Entwicklungsprozesses verringert werden [152]. Bei dieser Methode wird flüssiges Kohlenstoffdioxid zur Verdrängung des Lösemittels verwendet, welches oberhalb seines kritisches Punktes instantan in die Gasphase übergeht [152].

Es wurde die Möglichkeit zur dreidimensionalen Strukturierung von Photolacken

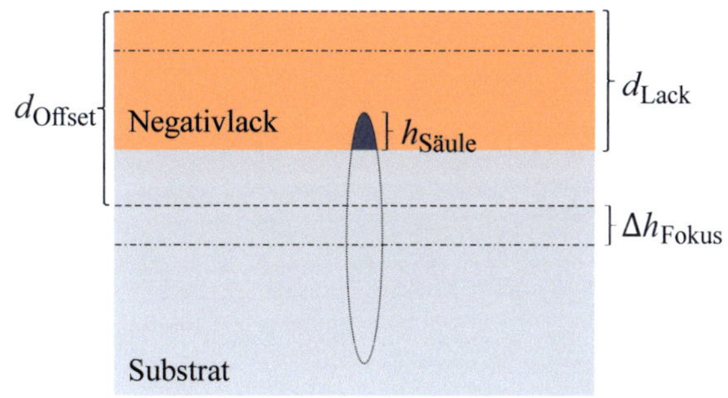

Abbildung 7.18: Höhenverhältnisse zur Berechnung der Voxelhöhen. Die gestrichelten Linien zeigen die Fokusebenen des Laserfokussensors bei der optischen Detektion der Probenoberfläche und nach dem Offset d_{Offset} an, die strichpunktierten Linien die Fokusebenen des Femtosekundenlasers. $\Delta h_{\mathrm{Fokus}}$ ist der Abstand zwischen den Fokusebenen der Lichtquellen. Das belichtete Voxel ist durch gepunktete Umrisse dargestellt und die nach dem Entwickeln verbleibende Lacksäule mit der Höhe $h_{\mathrm{Säule}}$ blau. Die Dicke der Negativlackschicht ist d_{Lack}.

mittels Zwei-Photonen-Laserschreiben auf Basis der Nanopositionier- und Nanomessmaschine gezeigt. Sowohl die Breite als auch die Höhe der Voxel skaliert mit der numerischen Apertur des genutzten Objektivs, die bei dem gezeigten Experiment mit $NA = 0{,}16$ sehr klein war. Bei einer Erhöhung der numerischen Apertur ist die Belichtung wesentlich kleinerer Bereiche möglich, sodass dann dreidimensionale Trajektorien belichtet und polymerisiert werden können. Auch im Dreidimensionalen eröffnen sich durch die Nanopositionier- und Nanomessmaschine Möglichkeiten der hochgenauen Strukturierung. Weiterhin sind Untersuchungen bezüglich kleinster Linienabstände in Negativlack analog zu Abschnitt 7.3 denkbar.

8 Zusammenfassung und Ausblick

Im Rahmen dieser Arbeit wurde die bereits in vielen Laboren angewandte Technik des zweiphotonenbasierten direkten Laserschreibens mit der Nanopositionier- und Nanomessmaschine (NMM-1) kombiniert, um die Vorteile der hochaufgelösten maskenlosen Lithographietechnik mit der enormen Präzision der Positionierung in ausgedehnten Millimeterbereichen vereinen zu können. Bereits in frühen Publikationen zum Zwei-Photonen-Laserschreiben wird die Notwendigkeit der hochgenauen Positionierung gefordert [76]. Nanopositionier- und Nanomessmaschinen erweisen sich laut Stand der Technik als aussichtsreiche Alternative zu bestehenden Positioniersystemen für Zwei-Photonen-Laserschreiben. Demnach war die Implementierung eines Laserschreibsystems in die NMM-1 der nächste logische Schritt.

Nach einer kurzen Darstellung der Theorie und des Stands der Technik zum direkten Laserschreiben folgt ein Exkurs zur Erzeugung der dafür relevanten Femtosekundenlaserpulse und deren Eigenschaften. Anschließend werden die bisher verwendeten Positioniersysteme für Laserschreibprozesse dargestellt, wobei einerseits die kommerziellen Systeme „Photonic Professional GT2“ der marktdominierenden Nanoscribe GmbH und „LithoProf3D®“ der Multiphoton Optics GmbH sowie andererseits Aufbauten in Forschungslaboren betrachtet werden. Dem wird die Nanopositionier- und Nanomessmaschine mit ihrem enormen Potential der skalenübergreifenden Positionierung gegenübergestellt.

Zur Umsetzung der Kombination des zweiphotonenbasierten Laserschreibens mit der Nanopositionier- und Nanomessmaschine wurde in der vorliegenden Arbeit ein Aufbau entwickelt, der zunächst die Basiselemente für einen solchen Prozess verwendet und diese am Beispiel der NMM-1 integriert. Dazu gehören neben dem Herzstück des Aufbaus, dem Femtosekundenlaser, optische Elemente zur Strahlführung und Polarisationsbeeinflussung und ein akustooptischer Modulator, der als schneller Schalter verwendet wird. Zudem wurde ein Laserfokussensor ergänzt, der nicht nur eine kontaktlose Oberflächenantastung der Proben ermöglicht, sondern auch eine Höhenregelung während der Positionierbewegung des Probentisches. Anschließend erfolgt die

Charaktersierung der wichtigsten, funktionsbestimmenden Elemente. Aufgrund der Abhängigkeit der Belichtungsdosis von der Verfahrgeschwindigkeit und der Laserleistung wurden Untersuchungen zur Geschwindigkeitsstabilität der NMM-1 vorgenommen. Außerdem wurde die Laserleistung auf dem Probentisch in Abhängigkeit von der am akustooptischen Modulator anliegenden Spannung ermittelt. Daraus konnte gefolgert werden, dass die Geschwindigkeit mit Abweichungen von maximal 0,5 % besser zur Einstellung der Belichtungsdosis geeignet ist als die Leistungsvariation über den akustooptischen Modulator, die eine Standardabweichung von etwa 14 % aufweist. Die Charakterisierung des Strahlprofils des Femtosekundenlaser ergab ein gaußförmiges Profil mit einem $1/e^2$-Strahldurchmesser von etwa 1,343 mm. Die Analyse des Freistrahls an dieser Stelle im Aufbau durch einen Spektrumanalysator ergab eine zentrale Wellenlänge von 801 nm mit einer spektralen Breite von 21,42 nm, was einer Pulsdauer von etwa 43 fs entspricht. Mittels einer Quadrantendiode, die als optische Schneide verwendet wird, konnte weiterhin die Lage der Fokusebene des Femtosekundenlaserstrahls in Relation zur Fokusebene des Laserfokussensorstrahls und die Durchmesser der jeweiligen Strahltaillen ermittelt werden. Die somit erhaltenen Daten wurden anhand der Theorie evaluiert, was eine effektive numerische Apertur von 0,16 sowie einen Durchmesser des Femtosekundenlaserstrahls in der Schreibebene von etwa 4,6 µm ergab. Die numerische Apertur des Aufbaus lässt sich in Zukunft deutlich steigern, was wiederum zu kleineren Durchmessern des fokussierten Laserstrahls und damit zu kleineren Strukturen führen wird.

Nach einer Klassifizierung von Photolacken und der Erarbeitung einer Prozedur zur Probenherstellung der verwendeten Photolacke wurden verschiedene Laserschreibversuche durchgeführt. In Kooperation mit zwei weiteren Promovierenden des Graduiertenkollegs „NanoFab“ wurde eine Mix-and-Match Lithographie basierend auf Zweiphotonen-Laserschreiben und Feldemissionslithographie mit anschließender Vervielfältigung der so hergestellten Proben mittels Nanoprägelithographie entwickelt und erfolgreich durchgeführt. Dies ermöglicht in der Zukunft eine hochgenaue integrierte Mikro- und Nanofabrikation mit hohem Durchsatz. Für die Realisierung der Mix-and-Match Lithographie musste ein kommerzieller Photolack verdünnt und eine Schichtdickenermittlung vorgenommen werden. Die im Rahmen dieser Arbeit durchgeführten Versuche zur Mix-and-Match-Lithographie wurden auf Siliziumsubstraten durchgeführt, die nach der Lithographie geätzt wurden. Die theoretische Beschreibung des Ätzprozesses wird mit einer Versuchsreihe zu Einflussfaktoren auf die Anisotropie des Ätzens demonstriert.

Um den Laserschreibprozess zu analysieren und zu optimieren, waren Untersuchungen zur Abhängigkeit der Linienbreite von Belichtungsdosis im Hinblick auf Leistungs- und Geschwindigkeitsvariationen erforderlich. Verwendet wurde dafür der Positivresist AZ1505 (MicroChemicals GmbH, *Ulm, Deutschland*). Es konnte eine minimale Linienbreite von 500 nm erzielt werden. Die Ergebnisse aus den Dosisuntersuchungen wurden genutzt, um die Vorteile des großen Positionierbereichs der NMM-1 für das Laserschreiben darzustellen. Unter anderem wurde eine Kalibriermarke mit Abmessungen einiger Millimeter für die bessere Orientierung auf großen Wafern hergestellt.

Nicht nur die Vorteile des großen Positionierbereichs der NMM-1 konnten herausgestellt werden, sondern auch die Vorteile, die sich durch die hochgenaue Positionierung ergeben. Eine systematische Reduktion des Abstands zweier benachbarter Linien führte zu einer minimalen Stegbreite von unter 30 nm, was bei den kleinsten in der Literatur beschriebenen Distanzen zwischen zwei lasergeschriebenen Linien einzuordnen ist [6, 39, 46]. Die Center-to-Center Distanz der Linien von etwa 1,695 µm bei einer numerischen Apertur von 0,16 und einer Wellenlänge von 801 nm beträgt nur etwa 56 % der für den Zweiphotonenprozess erweiterten Beugungsbegrenzung nach Rayleigh. Erstmalig konnte somit eine Stegbreite weit unterhalb der Beugungsbegrenzung mit herkömmlichem Zwei-Photonen-Laserschreiben in Positiv-Photolack realisiert werden. Bisher konnte die Beugungsbegrenzung nur mit STED-Laserschreiben unterboten werden [22]. Unter Verwendung einer optimalen numerischen Apertur und der Regelung der Probe zur Fokusebene des Femtosekundenlaserstrahls sind erheblich kleinere Center-to-Center Distanzen mit diesem Aufbau möglich. Dadurch zeigt sich das große Potenzial, das die Synergie von Nanopositionier- und Nanomessmaschinen mit Zwei-Photonen-Technologie eröffnet.

Abschließend wurden erste Experimente zum dreidimensionalen Laserschreiben in Negativ-Photolacken vorgenommen. Die erhaltenen Strukturen sind durch die geringe effektive numerische Apertur noch verhältnismäßig groß, sodass in zukünftigen Versuchen eine Erhöhung der numerischen Apertur angestrebt werden sollte. Eine Aufweitung des kollimierten Femtosekundenlaserstrahls auf den Durchmesser der Objektivapertur bewirkt eine vollständige Ausnutzung der theoretischen numerischen Apertur des Objektivs. Weiterhin kann die Verwendung von Objektiven mit höheren numerischen Aperturen bis hin zu Immersionsobjektiven die Voxelgröße maßgeblich verkleinern. Gleichzeitig sollten Möglichkeiten zur Regelung der Probe zur Fokusebene des Femtosekundenlaserstrahls gesucht werden, damit für den Laserschreibprozess der minimale Durchmesser des Laserstrahls verwendet wird. Eine dieser Möglichkeiten bietet der Einsatz eines neuen konfokalen Sensors [96], der ebenfalls im Rahmen des Graduiertenkollegs „NanoFab“ entwickelt wurde. Zudem könnten Ansätze zur Verkleinerung der Voxelgröße durch die Polarisation des Femtosekundenlaserstrahls [153] verfolgt werden. Die Ergebnisse der Untersuchungen zur Leistung hinter dem akustooptischen Modulator haben erhebliche Standardabweichungen ergeben. Im gegenwärtigen Aufbau unterliegt die Leistung des Femtosekundenlasers noch größeren Schwankungen. Eine Regelung der Laserleistung mithilfe der nicht für den Laserschreibprozess verwendeten nullten Beugungsordnung als Regelsignal stellt eine gute Möglichkeit dar. Zur Einstellung unterschiedlicher Leistungen kann dann auf die Kombination aus $\lambda/2$-Wellenplatte und dem polarisierenden Strahlteiler zurückgegriffen werden. Wie in Abschnitt 5.3 bereits erwähnt wurde, soll in Zukunft ein neuer Signalprozessor mit freien verfügbaren analogen Ausgängen für die komplette Ansteuerung sowohl der TTL- als auch der analogen Signale des akustooptischen Modulators verwendet werden. Damit kann ein synchronisiertes Ein- und Ausschalten des akustooptischen Modulators zur Maschinenbewegung realisiert werden. Die Entwicklung und Implementierung von CAD-basierter Trajektorienplanung für die NMM-1 sollte ein weiterer Schwerpunkt für nächste Arbeiten sein, um neue anspruchsvolle Anwendungen der neuen Technologie zu ermöglichen. Dazu könnte unter anderem das dreidimensionale Laserschreiben auf gekrümmten Oberflächen zur Umsetzung neuartiger Präzisionsoptiken zählen.

Insgesamt konnte in dieser Arbeit gezeigt werden, dass die Verwendung von Nanopositionier- und Nanomessmaschinen in Verbindung mit Zwei-Photonen-Laserschreiben ein enormes Potential birgt. Die Präzision und die hochgenaue Positionierung ermöglichten die Herstellung kleinster Linienabstände und in Synergie mit anderen im Rahmen des Graduiertenkollegs „NanoFab“ entwickelten und erweiterten Technologien bieten sich neue Möglichkeiten für die Zukunft der Mikro- und Nanofabrikation.

Literaturverzeichnis

[1] Gordon E. Moore et al. Cramming more components onto integrated circuits. *Electronics*, 38:114–117, 1965.

[2] Chris Mack. *Fundamental Principles of Optical Lithography: The Science of Microfabrication.* John Wiley & Sons, 2008.

[3] Reihe DIN. 85xx DIN 8580: 2003-09. *Fertigungsverfahren–Begriffe, Einteilung DIN*, 8588:2013–08, 2003.

[4] Judith K. Hohmann, Michael Renner, Erik H. Waller, und Georg von Freymann. Three-dimensional μ-printing: An enabling technology. *Advanced Optical Materials*, 3(11):1488–1507, 2015.

[5] Shoji Maruo, Osamu Nakamura, und Satoshi Kawata. Three-dimensional microfabrication with two-photon-absorbed photopolymerization. *Optics Letters*, 22 (2):132–134, 1997.

[6] Dengfeng Tan, Yan Li, Fengjie Qi, Hong Yang, Qihuang Gong, Xianzi Dong, und Xuanming Duan. Reduction in feature size of two-photon polymerization using SCR500. *Applied Physics Letters*, 90(7):071106, 2007.

[7] Gerd Jäger. Precision distance measurement by means of miniaturized interferometers. In *XIII IMEKO World Congress. 1994*, 1994.

[8] Gerd Jäger, Eberhard Manske, Tino Hausotte, Andreas Müller, und Felix Balzer. Nanopositioning and nanomeasuring machine NPMM-200—a new powerful tool for large-range micro-and nanotechnology. *Surface Topography: Metrology and Properties*, 4(3):034004, 2016.

[9] Kenneth H. Church, Charlotte Fore, und Terry Feeley. Commercial applications and review for direct write technologies. *MRS Online Proceedings Library Archive*, 624, 2000.

[10] Robert W. Boyd. *Nonlinear Optics.* Academic Press, 2003.

[11] Joachim Fischer, Georg von Freymann, und Martin Wegener. The materials challenge in diffraction-unlimited direct-laser-writing optical lithography. *Advanced Materials*, 22(32):3578–3582, 2010.

[12] Wolfgang Demtröder. *Experimentalphysik 2: Elektrizität und Optik*. Springer-Verlag, 2018.

[13] Joachim Fischer. *Three-dimensional optical lithography beyond the diffraction limit*. Dissertation, Karlsruher Institut für Technologie, 2012.

[14] Joachim Fischer und Martin Wegener. Three-dimensional optical laser lithography beyond the diffraction limit. *Laser & Photonics Reviews*, 7(1):22–44, 2013.

[15] Alexandros Selimis, Vladimir Mironov, und Maria Farsari. Direct laser writing: Principles and materials for scaffold 3D printing. *Microelectronic Engineering*, 132:83–89, 2014.

[16] Valeriano F. Paz, Moritz Emons, Kotaro Obata, Aleksandr Ovsianikov, Sandy Peterhänsel, Karsten Frenner, Carsten Reinhardt, Boris N. Chichkov, Uwe Morgner, und Wolfgang Osten. Development of functional sub-100 nm structures with 3D two-photon polymerization technique and optical methods for characterization. *Journal of Laser Applications*, 24(4):042004, 2012.

[17] Maria Farsari und Boris N. Chichkov. Materials processing: Two-photon fabrication. *Nature Photonics*, 3(8):450, 2009.

[18] 1P vs 2P fluorescence imaging. `http://microscopy.berkeley.edu/courses/tlm/2P/index.html`. Aufgerufen: 17.01.2020.

[19] Max Born und Emil Wolf. Principles of Optics, 7th (expanded) edition. *United Kingdom: Press Syndicate of the University of Cambridge*, 461, 1999.

[20] Ernst Abbe. Beiträge zur Theorie des Mikroskops und der mikroskopischen Wahrnehmung. *Archiv für mikroskopische Anatomie*, 9(1):413–418, 1873.

[21] Christian Gerthsen. *Gerthsen Physik*. Springer-Verlag, 2013.

[22] Joachim Fischer und Martin Wegener. Three-dimensional direct laser writing inspired by stimulated-emission-depletion microscopy. *Optical Materials Express*, 1(4):614–624, 2011.

[23] Daniel P. Sanders. Advances in patterning materials for 193 nm immersion lithography. *Chemical Reviews*, 110(1):321–360, 2010.

[24] Tommaso Baldacchini. *Three-dimensional microfabrication using two-photon polymerization: fundamentals, technology, and applications.* William Andrew Publishing, 2015.

[25] Mohammad Vaezi, Hermann Seitz, und Shoufeng Yang. A review on 3D micro-additive manufacturing technologies. *The International Journal of Advanced Manufacturing Technology*, 67(5-8):1721–1754, 2013.

[26] Kaufui V. Wong und Aldo Hernandez. A review of additive manufacturing. *ISRN Mechanical Engineering*, 2012.

[27] Sanna M. Peltola, Ferry P. W. Melchels, Dirk W. Grijpma, und Minna Kellomäki. A review of rapid prototyping techniques for tissue engineering purposes. *Annals of Medicine*, 40(4):268–280, 2008.

[28] Hyub Lee, Chin Huat Joel Lim, Mun Ji Low, Nicholas Tham, Vadakke Matham Murukeshan, und Young-Jin Kim. Lasers in additive manufacturing: A review. *International Journal of Precision Engineering and Manufacturing-Green Technology*, 4(3):307–322, 2017.

[29] Charles W. Hull. Apparatus for production of three-dimensional objects by stereolithography. US Patent 4,575,330.

[30] Arnaud Bertsch, Sebastien Jiguet, Paul Bernhard, und Philippe Renaud. Microstereolithography: a review. *MRS Online Proceedings Library Archive*, 758, 2002.

[31] Stereolithographie SLA. `https://de.3dsystems.com/stereolithography`. Aufgerufen: 13.06.2019.

[32] Stereolithographie Visiotech GmbH. `https://www.visiotech-gmbh.de/rapid-prototyping/stereolithographie/`. Aufgerufen: 13.06.2019.

[33] Genauigkeiten bzw. Toleranzen im 3D-Druck. `https://3faktur.com/genauigkeiten-bzw-toleranzen-im-3d-druck/`. Aufgerufen: 13.06.2019.

[34] Polyjet Technologie. `https://3ddrucker.de/3d-drucktechnologien/polyjet-technologie/`. Aufgerufen: 13.06.2019.

[35] Stereolithographie tobaTEC. `https://www.tobatec.net/stereolithographie-verfahren.html`. Aufgerufen: 13.06.2019.

[36] James V. Crivello. The discovery and development of onium salt cationic photoinitiators. *Journal of Polymer Science Part A: Polymer Chemistry*, 37(23): 4241–4254, 1999.

[37] Jesper J. Serbin, Carsten Fallnich, und Boris N. Chichkov. Two-photon polymerization of photosensitive resins with femtosecond pulses and fabrication of microoptical devices and photonic structures. In *International Conference on Ultrafast Phenomena*, page TuE39. Optical Society of America, 2002.

[38] Markus Deubel, Georg Von Freymann, Martin Wegener, Suresh Pereira, Kurt Busch, und Costas M. Soukoulis. Direct laser writing of three-dimensional photonic-crystal templates for telecommunications. *Nature Materials*, 3(7): 444–447, 2004.

[39] Saulius Juodkazis, Vygantas Mizeikis, Kock K. Seet, Masafumi Miwa, und Hiroaki Misawa. Two-photon lithography of nanorods in SU-8 photoresist. *Nanotechnology*, 16(6):846–849, 2005.

[40] Datenblatt Photonic Professional GT2. `https://www.nanoscribe.com/en/solutions/photonic-professional-gt2#tab-385`. Aufgerufen: 22.07.2019.

[41] James S. Oakdale, Jianchao Ye, William L. Smith, und Jürgen Biener. Post-print UV curing method for improving the mechanical properties of prototypes derived from two-photon lithography. *Optics Express*, 24(24):27077–27086, 2016.

[42] TOPTICA. `https://www.toptica.com/products/psfs-fiber-lasers/femtofiber-pro/femtofiber-pro-nir/`. Aufgerufen: 14.06.2019.

[43] Stefan W. Hell und Jan Wichmann. Breaking the diffraction resolution limit by stimulated emission: stimulated-emission-depletion fluorescence microscopy. *Optics Letters*, 19(11):780–782, 1994.

[44] Thomas A. Klar und Stefan W. Hell. Subdiffraction resolution in far-field fluorescence microscopy. *Optics Letters*, 24(14):954–956, 1999.

[45] Richard Wollhofen, Julia Katzmann, Calin Hrelescu, Jaroslaw Jacak, und Thomas A. Klar. 120 nm resolution and 55 nm structure size in STED-lithography. *Optics Express*, 21(9):10831–10840, 2013.

[46] Zongsong Gan, Yaoyu Cao, Richard A Evans, und Min Gu. Three-dimensional deep sub-diffraction optical beam lithography with 9 nm feature size. *Nature communications*, 4(1):1–7, 2013.

[47] Erik H. Waller und Georg von Freymann. Independent spatial intensity, phase and polarization distributions. *Optics Express*, 21(23):28167–28174, 2013.

[48] Patrick S. Salter, Alexander Jesacher, Justin B. Spring, Ben J. Metcalf, Nicholas Thomas-Peter, Richard D. Simmonds, Nathan K. Langford, Ian A. Walmsley, und Martin J. Booth. Adaptive slit beam shaping for direct laser written waveguides. *Optics Letters*, 37(4):470–472, 2012.

[49] Benjamin P. Cumming, Sukanta Debbarma, Barry Luther-Davis, und Min Gu. Simultaneous compensation for aberration and axial elongation in three-dimensional laser nanofabrication by a high numerical-aperture objective. *Optics Express*, 21(16):19135–19141, 2013.

[50] Erik H. Waller, Michael Renner, und Georg von Freymann. Active aberration-and point-spread-function control in direct laser writing. *Optics Express*, 20(22): 24949–24956, 2012.

[51] Maria Göppert-Mayer. Über Elementarakte mit zwei Quantensprüngen. *Annalen der Physik*, 401(3):273–294, 1931.

[52] Fritz K. Kneubühl und Markus W. Sigrist. *Laser.* Teubner-Verlag, 1991.

[53] Jürgen Eichler und Hans-Joachim Eichler. *Laser: Grundlagen, Systeme, Anwendungen.* Springer-Verlag, 2013.

[54] Rainer Dohlus. *Photonik: physikalisch-technische Grundlagen der Lichtquellen, der Optik und des Lasers.* Walter de Gruyter GmbH & Co KG, 2010.

[55] J. P. Curtis und J. E. Carroll. Autocorrelation systems for the measurement of picosecond pulses from injection lasers. *International Journal of Electronics Theoretical and Experimental*, 60(1):87–111, 1986.

[56] Gerd Jäger, Eberhard Manske, Tino Hausotte, und Hans-Joachim Büchner. Nanomeasuring and nanopositioning engineering. In *Fringe 2009*, pages 1–8. Springer, 2009.

[57] ISO VIM. International vocabulary of basic and general terms in metrology (vim). *International Organization*, 2004:09–14, 2004.

[58] Physik Instrumente, Piezo-Lineartische. https://www.physikinstrumente.de/de/produkte/piezo-nanopositioniertische/piezo-lineartische/. Aufgerufen: 12.12.2019.

[59] Galvanometer Scanners Cambridge Technology. https://www.cambridgetechnology.com/products/galvanometer-scanner. Aufgerufen: 12.12.2019.

[60] Jesper J. Serbin. *Fabrication of photonic structures by two-photon polymerization.* Cuvillier Verlag, 2004.

[61] Nanoscribe Userguide. https://nano.secure.pitt.edu/sites/default/files/Equipment-SOP/Nanoscribe%20user%20guide_0.pdf. Aufgerufen: 23.07.2019.

[62] PI Topics, Piezo Nano Positioning. https://www.pi-usa.us/fileadmin/user_upload/physik_instrumente/files/CMA/PI_Topics45D.pdf. Aufgerufen: 21.06.2019.

[63] Datenblatt PIMars Nanopositioniertisch. https://www.physikinstrumente.de/fileadmin/user_upload/physik_instrumente/files/datasheets/P-561-P-562-P-563-Datenblatt.pdf. Aufgerufen: 22.07.2019.

[64] Multiphoton Optics. High Precision 3D Printing Made in Germany – Always a Step Ahead. Brochure 2019.

[65] Mehrachsen-Piezotische. https://www.physikinstrumente.de/de/produkte/piezo-nanopositioniertische/mehrachsen-piezotische/. Aufgerufen: 18.02.2020.

[66] Alexander K. Nguyen und Roger J. Narayan. Two-photon polymerization for biological applications. *Materials Today*, 20(6):314–322, 2017.

[67] Chun-Yu Lin, Chi-Hsiang Lien, Keng-Chi Cho, Chia-Yuan Chang, Nan-Shan Chang, Paul J. Campagnola, Chen Yuan Dong, und Shean-Jen Chen. Investigation of two-photon excited fluorescence increment via crosslinked bovine serum albumin. *Optics Express*, 20(13):13669–13676, 2012.

[68] Wen-Shuo Kuo, Chi-Hsiang Lien, Keng-Chi Cho, Chia-Yuan Chang, Chun-Yu Lin, Lynn L. H. Huang, Paul J. Campagnola, Chen Yuan Dong, und Shean-Jen Chen. Multiphoton fabrication of freeform polymer microstructures with gold nanorods. *Optics Express*, 18(26):27550–27559, 2010.

[69] Datenblatt Nano-F100. http://www.madcitylabs.com/nanofseries.html. Aufgerufen: 31.07.2019.

[70] Datenblatt ProScan H117. https://www.meyerinst.com/micro-acc/prior/stages/proscan/H117.pdf. Aufgerufen: 31.07.2019.

[71] Datenblatt Cambridge Technology 6215H. https://www.cambridgetechnology.com/sites/default/files/Datasheet%20-%20Galvos-62xxH%20Series-DS00003_R1_v9.pdf. Aufgerufen: 31.07.2019.

[72] Datenblatt P611.3 NanoCube. https://www.physikinstrumente.de/fileadmin/user_upload/physik_instrumente/files/datasheets/P-611.3-Datenblatt.pdf. Aufgerufen: 31.07.2019.

[73] Mangirdas Malinauskas, Vytautas Purlys, Marius Rutkauskas, und Roaldas Gadonas. Two-photon polymerization for fabrication of three-dimensional micro- and nanostructures over a large area. In *Micromachining and Microfabrication Process Technology XIV*, volume 7204, page 72040C. International Society for Optics and Photonics, 2009.

[74] https://www.aerotechgmbh.de/produktkatalog/achsen/linearachsen/als130h.aspx. Aufgerufen: 22.07.2019.

[75] https://www.aerotech.com/media/117244/ant4v.pdf. Aufgerufen: 22.07.2019.

[76] Andreas Ostendorf und Boris N. Chichkov. Two-photon polymerization: A new approach to micromachining. *Photonics Spectra*, 40(10):72–78, 2006.

[77] Prof. Dr. Carsten Reinhardt, Persönliche Kommunikation.

[78] https://www.aerotech.com/product-catalog/stages/linear-stage/abl1000-air-bearing-linear-stage.aspx. Aufgerufen: 10.01.2019.

[79] https://www.aerotech.com/product-catalog/stages/linear-stage/abl1500-air-bearing.aspx. Aufgerufen: 10.01.2019.

[80] Gerd Jäger, Eberhard Manske, Tino Hausotte, und Hans-Joachim Büchner. Nanomessmaschine zur abbefehlerfreien Koordinatenmessung (Nano Measuring Machine for Zero Abbe Offset Coordinate-measuring). *tm Technisches Messen Plattform für Methoden, Systeme und Anwendungen der Messtechnik*, 67(7-8/2000):319–323, 2000.

[81] Eberhard Manske, Gerd Jäger, Tino Hausotte, und Roland Füßl. Recent developments and challenges of nanopositioning and nanomeasuring technology. *Measurement Science and Technology*, 23(7):074001, 2012.

[82] SIOS Meßtechnik GmbH. Data sheet of the Nanopositioning and Nanomeasuring Machine NMM-1. `http://www.sios-de.com/products/nanopositioning-and-nanomeasuring-machine/`. Aufgerufen: 03.01.2018.

[83] Eberhard Manske, Tino Hausotte, Rostyslav Mastylo, Norbert Hofmann, und Gerd Jäger. Nanopositioning and nanomeasuring machine for high accuracy measuring procedures of small features in large areas. In *Optical Fabrication, Testing, and Metrology II*, volume 5965, page 596509. International Society for Optics and Photonics, 2005.

[84] Felix Gerhard Balzer. *Entwicklung und Untersuchungen zur 3-D-Nanopositioniertechnik in großen Bewegungsbereichen.* Dissertation, TU Ilmenau, 2015.

[85] Eberhard Manske, Tino Hausotte, Rostyslaw Mastylo, Torsten Machleidt, Karl-Heinz Franke, und Gerd Jäger. New applications of the nanopositioning and nanomeasuring machine by using advanced tactile and non-tactile probes. *Measurement Science and Technology*, 18(2):520–527, 2007.

[86] Heinz Zill, Erasmus Hultzsch, und Erhard Lippert. *Messen und Lehren im Maschinenbau und in der Feingerätetechnik.* VEB Verlag Technik, 1972.

[87] Ernst Abbé. Messapparate für Physiker. *Zeitschrift für Instrumentenkunde*, 10: 446–447, 1890.

[88] Tino Hausotte. *Nanopositionier- und Nanomessmaschine.* Dissertation, TU Ilmenau, 2002.

[89] Eberhard Manske, Gerd Jäger, und Tino Hausotte. A Multi-Sensor Approach for Complex and Large-Area Applications in Micro and Nanometrology. *NCSLI Measure*, 7(2):44–50, 2012.

[90] Tino Hausotte. *Nanopositionier-und Nanomessmaschinen: Geräte für hochpräzise makro- bis nanoskalige Oberflächen-und Koordinatenmessungen.* Pro Business, 2010.

[91] Felix G Balzer, Tino Hausotte, Nataliya Dorozhovets, Eberhard Manske, und Gerd Jäger. Tactile 3D microprobe system with exchangeable styli. *Measurement Science and Technology*, 22(9):094018, 2011.

[92] Rostyslav Mastylo, Denis Dontsov, Eberhard Manske, und Gerd Jäger. A focus sensor for an application in a nanopositioning and nanomeasuring machine. In *Optical Measurement Systems for Industrial Inspection IV*, volume 5856, pages 238–245. International Society for Optics and Photonics, 2005.

[93] Rostyslav Mastylo. *Optische und taktile Nanosensoren auf der Grundlage des Fokusverfahrens für die Anwendung in Nanopositionier-und Nanomessmaschinen.* Dissertation, TU Ilmenau, 2012.

[94] Yoshio Yoshida, Takahiro Miyake, Yukio Kurata, und Toshio Ishikawa. Three-beam CD optical pickup using a holographic optical element. In *Optical Data Storage Technologies*, volume 1401, pages 58–66. International Society for Optics and Photonics, 1991.

[95] Shinya Yoshida, Kohji Minami, Kuniaki Okada, Hiroyuki Yamamoto, Tetsuo Ueyama, Keiji Sakai, und Yukio Kurata. Optical pickup employing a hologram-laser-photodiode unit. *Japanese Journal of Applied Physics*, 39(2S):877, 2000.

[96] Johannes Kirchner. *(unveröffentlicht).* Dissertation, TU Ilmenau, 2020.

[97] Jürgen Schmid, Femtolasers, persönliche Mitteilung vom 28.08.2017.

[98] Datenblatt Integral Pro, Femtolasers. `http://www.tsukasa-tec.co.jp/product/laser/documents/IntegralPRO.pdf`. Aufgerufen: 11.11.2019.

[99] Laura Weidenfeller, Ralf Schienbein, Johannes Kirchner, Carsten Reinhardt, und Eberhard Manske. Development of laser positioning system of high accuracy in the nanometer range. In *Advanced Fabrication Technologies for Micro/Nano Optics and Photonics XI*, volume 10544, page 105440E. International Society for Optics and Photonics, 2018.

[100] Laura Weidenfeller, Johannes Kirchner, Martin Hofmann, Michael Kühnel, Carsten Reinhardt, Ivo W. Rangelow, und Eberhard Manske. Laser-microfabrication with accurate positioning and metrological traceability. In *Advanced Fabrication Technologies for Micro/Nano Optics and Photonics XII*, volume 10930, page 109300L. International Society for Optics and Photonics, 2019.

[101] Mingshuai Su. Integration einer Laserquelle zur Strukturierung photosensitiver Materialien in die NMM-1 und weiterführende Untersuchungen zum Laserschreiben. Bachelorarbeit, Technische Universität Ilmenau.

[102] Datenblatt zum akustooptischen Modulator, Modell AA.MT110-A1,5-IR, Pegasus Optik GmbH, 01.09.2017.

[103] IDS Kamera. `https://de.ids-imaging.com/store/ui-1540le-rev-2.html`. Aufgerufen: 14.06.2019.

[104] Yuki Shimizu, Taiji Maruyama, Shota Nakagawa, Yuan-Liu Chen, Hiraku Matsukuma, und Wei Gao. A PD-edge method associated with the laser autocollimation for measurement of a focused laser beam diameter. *Measurement Science and Technology*, 29(7):074006, 2018.

[105] Herwig Kogelnik und Tingye Li. Laser beams and resonators. *Applied Optics*, 5 (10):1550–1567, 1966.

[106] Hans-Joachim Eichler, Heinz-Detlef Kronfeldt, und Jürgen Sahm. *Das neue physikalische Grundpraktikum*. Springer, 2001.

[107] Carsten Reinhardt. *Nanooptics with Surface Plasmons and Resonant Nanoparticles: Nanooptik mit Oberflächenplasmonen und Resonanten Nanopartikeln*. Habilitation, Gottfried Wilhelm Leibniz Universität Hannover, 2014.

[108] Wolfgang Hesse. *Ullmann's Encyclopedia of Industrial Chemistry*. Wiley-VCH Verlag GmbH & Co, 2002.

[109] Keiko T. Hattori, Takashi Hattori, Shouichi Uchino, Takumi Ueno, Nobuaki Hayashi, Seiichiro Shirai, Noboru Moriuchi, und Masayuki Morita. Bisazidobiphenyls/novolak resin negative resist systems for i-line phase-shifting lithography. *Japanese Journal of Applied Physics*, 31(12S):4307, 1992.

[110] Sönke Steenhusen. *Untersuchungen zur Sub-100 nm Strukturierung von Hybridpolymeren mittels Zwei-Photonen Absorption und Anwendungen*. Dissertation, Friedrich-Schiller-Universität Jena, 2018.

[111] Alex Robinson und Richard Lawson. *Materials and Processes for Next Generation Lithography*, volume 11. Elsevier, 2016.

[112] Chembase: HMDS. `http://en.chembase.cn/substance-743607.html`. Aufgerufen: 26.02.2020.

[113] Datenblatt OrmoPrime, micro resist technology GmbH, *Berlin, Deutschland*, 22.07.2016.

[114] MicroChemicals: Substratvorbehandlung. `https://www.microchemicals.com/technische_informationen/substrat_reinigung_haftung_fotolack.pdf`. Aufgerufen: 26.02.2020.

[115] Datenblatt AZ1505, MicroChemicals GmbH, *Ulm, Deutschland*, 21.07.2011.

[116] Datenblatt mr-P 1201LIL,micro resist technology GmbH, *Berlin, Deutschland*, 19.10.2015.

[117] Datenblatt OrmoComp, micro resist technology GmbH, *Berlin, Deutschland*, 22.07.2016.

[118] Marcus Kästner. *Field emission scanning probe lithography on molecular resist*. Dissertation, TU Ilmenau, 2017.

[119] Valentyn Ishchuk. *Profile simulations of plasma etching of silicon under consideration of charging effect and cryogenic condition*. Dissertation, TU Ilmenau, 2014.

[120] Ivo W Rangelow. Dry etching-based silicon micro-machining for MEMS. *Vacuum*, 62(2-3):279–291, 2001.

[121] Daniel L. Flamm, Vincent M. Donnelly, und John A. Mucha. The reaction of fluorine atoms with silicon. *Journal of Applied Physics*, 52(5):3633–3639, 1981.

[122] John W. Coburn und H. F. Winters. Plasma etching - a discussion of mechanisms. *Journal of Vacuum Science and Technology*, 16(2):391–403, 1979.

[123] Shinichi Tachi, Kazunori Tsujimoto, und Sadayuki Okudaira. Low-temperature reactive ion etching and microwave plasma etching of silicon. *Applied Physics Letters*, 52(8):616–618, 1988.

[124] Ivo W. Rangelow. Critical tasks in high aspect ratio silicon dry etching for microelectromechanical systems. *Journal of Vacuum Science & Technology A: Vacuum, Surfaces, and Films*, 21(4):1550–1562, 2003.

[125] Remi Dussart, Thomas Tillocher, Philippe Lefaucheux, und Mohamed Boufnichel. Plasma cryogenic etching of silicon: from the early days to today's advanced technologies. *Journal of Physics D: Applied Physics*, 47(12):123001, 2014.

[126] Ivo W. Rangelow und Hans Löschner. Reactive ion etching for microelectrical mechanical system fabrication. *Journal of Vacuum Science & Technology B: Microelectronics and Nanometer Structures Processing, Measurement, and Phenomena*, 13(6):2394–2399, 1995.

[127] Charles B. Mullins und John W. Coburn. Ion-beam-assisted etching of Si with fluorine at low temperatures. *Journal of Applied Physics*, 76(11):7562–7566, 1994.

[128] Shinichi Tachi, Kazunori Tsujimoto, Shin Arai, und Tokuo Kure. Low-temperature dry etching. *Journal of Vacuum Science & Technology A: Vacuum, Surfaces, and Films*, 9(3):796–803, 1991.

[129] Gottlieb S. Oehrlein und Yukinori Kurogi. Sidewall surface chemistry in directional etching processes. *Materials Science and Engineering: R: Reports*, 24(4): 153–183, 1998.

[130] Laura Weidenfeller, Martin Hofmann, Shraddha Supreeti, Stephan Mechold, Mathias Holz, Christoph Reuter, Eberhard Manske, und Ivo W. Rangelow. Cryogenic etching for pattern transfer into silicon of mix-and-match structured resist layers (unveröffentlicht). *Micro and Nano Engineering Journal.*

[131] Laura Weidenfeller, Martin Hofmann, Johannes Kirchner, Shraddha Supreeti, Ivo W Rangelow, Stefan Sinzinger, und Eberhard Manske. Micro-and nanofabrication technologies using the nanopositioning and nanomeasuring machines. In *Optical Measurement Systems for Industrial Inspection XI*, volume 11056, page 1105637. International Society for Optics and Photonics, 2019.

[132] Martin Hofmann, Laura Weidenfeller, Shraddha Supreeti, Stephan Mechold, Mathias Holz, Christoph Reuter, Stefan Sinzinger, Eberhard Manske, und Ivo W. Rangelow. Mix-and-match lithography and cryogenic etching for NIL template fabrication. *Microelectronic Engineering*, 224:111234, 2020.

[133] Naoto Tsutsumi, Junichi Hirota, Kenji Kinashi, und Wataru Sakai. Direct laser writing for micro-optical devices using a negative photoresist. *Optics Express*, 25(25):31539–31551, 2017.

[134] Hong-Zhong Cao, Mei-Ling Zheng, Xian-Zi Dong, Feng Jin, Zhen-Sheng Zhao, und Xuan-Ming Duan. Two-photon nanolithography of positive photoresist thin film with ultrafast laser direct writing. *Applied Physics Letters*, 102(20):201108, 2013.

[135] Kenji Kamada, Koji Ohta, Yoichiro Iwase, und Koichi Kondo. Two-photon absorption properties of symmetric substituted diacetylene: drastic enhancement of the cross section near the one-photon absorption peak. *Chemical Physics Letters*, 372(3-4):386–393, 2003.

[136] Katherine J Schafer, Joel M Hales, Mihaela Balu, Kevin D Belfield, Eric W Van Stryland, und David J Hagan. Two-photon absorption cross-sections of common photoinitiators. *Journal of Photochemistry and Photobiology A: Chemistry*, 162(2-3):497–502, 2004.

[137] Dipl.-Ing. Oliver Birli, Persönliche Kommunikation, 05.12.2019.

[138] Lei Zheng, Kestutis Kurselis, Ayman El-Tamer, Ulf Hinze, Carsten Reinhardt, Ludger Overmeyer, und Boris N. Chichkov. Nanofabrication of High-Resolution Periodic Structures with a Gap Size Below 100 nm by Two-Photon Polymerization. *Nanoscale Research Letters*, 14(1):134, 2019.

[139] Steve Lenk, Marcus Kaestner, Claudia Lenk, Tihomir Angelov, Yana Krivoshapkina, und Ivo W. Rangelow. 2D Simulation of Fowler-Nordheim Electron Emission in Scanning Probe Lithography. *Journal of Nanomaterials & Molecular Nanotechnology 5*, 6:2, 2016.

[140] Martin Hofmann, Cemal Aydogan, Claudia Lenk, Yana Krivoshapkina, Steve Lenk, Burkhard Volland, Marcus Kaestner, Burhanettin Erdem Alaca, Eberhard Manske, und Ivo W. Rangelow. Selective pattern transfer of nano-scale features generated by FE-SPL in 10 nm thick resist layers. *American Journal of Nano Research and Applications*, 6:11–20, 2018.

[141] Marcus Kästner, Manuel Hofer, und Ivo W. Rangelow. Nanolithography by scanning probes on calixarene molecular glass resist using mix-and-match lithography. *Journal of Micro/Nanolithography, MEMS, and MOEMS*, 12(3):031111, 2013.

[142] Ivo W. Rangelow, Claudia Lenk, Martin Hofmann, Steve Lenk, Tzvetan Ivanov, Ahmad Ahmad, Marcus Kästner, Elshad Guliyev, Christoph Reuter, Matthias Budden, et al. Field-emission scanning probe lithography with self-actuating and self-sensing cantilevers for devices with single digit nanometer dimensions. In *Novel Patterning Technologies 2018*, volume 10584, page 1058406. International Society for Optics and Photonics, 2018.

[143] Marcus Kästner, Cemal Aydogan, Tzvetan Ivanov, Ahmad Ahmad, Tihomir Angelov, Alexander Reum, Valentyn Ishchuk, Yana Krivoshapkina, Manuel Hofer, Steve Lenk, Mathias Holz, und Ivo W. Rangelow. Advanced electric-field scanning probe lithography on molecular resist using active cantilever. *Journal of Micro/Nanolithography, MEMS, and MOEMS*, 14(3):031202, 2015.

[144] Mathias Holz, Elshad Guliyev, Ahmad Ahmad, Tzvetan Ivanov, Alexander Reum, Martin Hofmann, Claudia Lenk, Marcus Kaestner, Christoph Reuter, Steve Lenk, Ivo W. Rangelow, und Nikolay Nikolov. Field-emission scanning probe lithography tool for 150 mm wafer. *Journal of Vacuum Science & Technology B, Nanotechnology and Microelectronics: Materials, Processing, Measurement, and Phenomena*, 36(6):06JL06, 2018.

[145] Stephen Y. Chou, Peter R. Krauss, und Preston J. Renstrom. Nanoimprint lithography. *Journal of Vacuum Science & Technology B: Microelectronics and Nanometer Structures Processing, Measurement, and Phenomena*, 14(6): 4129–4133, 1996.

[146] Hongbo Lan. Soft UV nanoimprint lithography and its applications. In *Updates in advanced lithography*, pages 169–198. InTechOpen, 2013.

[147] Shraddha Supreeti, Johannes Kirchner, Martin Hofmann, Rostyslav Mastylo, Ivo W. Rangelow, Eberhard Manske, Martin Hoffmann, und Stefan Sinzinger. Integrated soft UV-nanoimprint lithography in a nanopositioning and nanomeasuring machine for accurate positioning of stamp to substrate. In *Novel Patterning Technologies for Semiconductors, MEMS/NEMS, and MOEMS 2019*, volume 10958, page 1095819. International Society for Optics and Photonics, 2019.

[148] Helmut Schift. Nanoimprint lithography: An old story in modern times? A review. *Journal of Vacuum Science & Technology B: Microelectronics and Nanometer Structures Processing, Measurement, and Phenomena*, 26(2):458–480, 2008.

[149] Peter Hadley, Günther Lientschnig, und Ming-Jiunn Lai. Single-electron transistors. In *Conference Series-Institute of Physics*, volume 174, pages 125–132. Philadelphia; Institute of Physics; 1999, 2003.

[150] Marco Wiegand. *Auswirkungen einer Plasmabehandlung auf die Eigenschaften des Niedertemperatur-Waferbondens monokristalliner Siliziumoberflächen.* Dissertation, Martin-Luther-Universität Halle-Wittenberg, 2001.

[151] Frank Burmeister, Johannes Boneberg, und Paul Leiderer. Mit Kapillarkräften zu Nanostrukturen: Wie man die Selbstorganisation von Kolloidkügelchen für die Submikrometer-Lithographie nutzen kann. *Physikalische Blätter*, 56(4):49–51, 2000.

[152] Michael A. Gritz, Meredith Metzler, Joel Moser, David Spencer, und Glenn D. Boreman. Fabrication of air bridges using electron beam lithography. *Journal of Vacuum Science & Technology B: Microelectronics and Nanometer Structures Processing, Measurement, and Phenomena*, 21(1):332–334, 2003.

[153] Hong-Bo Sun, Makoto Maeda, Kenji Takada, James W. M. Chon, Min Gu, und Satoshi Kawata. Experimental investigation of single voxels for laser nanofabrication via two-photon photopolymerization. *Applied Physics Letters*, 83(5): 819–821, 2003.

Abbildungsverzeichnis

Tabellenverzeichnis

Abkürzungsverzeichnis

2½-D .... zweieinhalbdimensional
1PA .... Ein-Photonen-Absorption
2PA .... Zwei-Photonen-Absorption
3D .... dreidimensional
AFM .... **A**tomic **F**orce **M**icroscope
AOM .... **A**kusto**o**ptischer**M**odulator
CAD .... **C**omputer **A**ided **D**esign
CCD .... **C**harge **C**oupled **D**evice
CD .... **C**ompact **D**isk
DLW .... **D**irect **L**aser **W**riting
DVD .... **D**igital **V**ersatile **D**isk
FE-SPL .... **F**ield **E**mission **S**canning **P**robe **L**ithography
Laser .... **L**ight **A**mplification by **S**timulated **E**mission of **R**adiation
LCVD .... **L**aser **C**hemical **V**apor **D**eposition
LD-Objektiv .... **L**ong-**D**istance-Objektiv
NIL .... **N**ano**i**mprint **L**ithography
NMM-1 .... Nanopositionier- und Nanomessmaschine 1
NPMM200 .... Nanopositionier- und Nanomessmaschine 200
ORMOCER® .... **Or**ganically **mo**dified **cer**amics
PB .... **P**ost **B**ake
PEB .... **P**ost **E**xposure **B**ake
REM .... **R**aster**e**lektronen**m**ikroskop
SET .... **s**ingle **e**lectron **t**ransistor
SLM .... **S**patial **L**ight **M**odulator
STED .... **ST**imulated **E**mission **D**epletion
TBP .... **t**ime **b**andwidth **p**roduct
TEM .... **t**ransversal**e**lektro**m**agnetisch
TTL .... **T**ransistor **T**ransistor **L**ogik
UV .... **u**ltra**v**iolett
VIM .... **v**ocabulaire **i**nternationale **m**étrologie
Voxel .... **vo**lume pi**xel**